人類は原発とは同居できない

本田幸雄

幻冬舎ルネッサンス新書
243

はじめに

昨年（二〇二〇年）はじめから始まった新型コロナ・パンデミックは、日本においても第一波、第二波、第三波と波高を高め、今年七月からの第五波は波高、波長とも一〜三波の比ではないような様相を示しています。このままでは一年延期されたオリンピック・パラリンピックも飲み込んでしまうのではないかと心配されます。肝心な時に、日本がワクチン開発能力をなくしてしまっていたことが悔やまれます。やはり、人類はやるべきことはやっておかないと後で悔やんでもどうしようもありません。

福島第一原発事故から一〇年が経ちました。テレビの特集番組を見ながらあらためて大震災、福島第一原発事故のすさまじさを感じました。オリンピック誘致の時、安倍首相は「処理水はコントロールされています」「復興オリンピックとします」と言っていましたが、一〇年間タンクに溜めに溜めた処理水（トリチウムを含む）を海に薄めて流すと菅総理が発表しました。やはりできないことはできないのです。「デブリを取り除き、平場にして返します」と言っても、三五年経ったチェルノブイリ原発は石棺に覆われ、三〇キロ圏は立ち入り禁止のままです。

原発も原爆も同じですが、扱っている対象が放射能を持つ放射性物質であるという事実です。原理的に放射能は半減期にしたがってしか減少しません。半減期が長いものでは一〇万年を超えるものもあります。自然界にはこれを消し去ってくれる仕組みが組み込まれていません。タンカー事故も海洋を汚染して良くないことはもちろんですが、それでも海にはあの石油を食べてくれる微生物がいて、数年後には海も自然を取り返します。陸上の汚染も何らかの生物がやがて自然を回復してくれます。しかし、放射能を食べてくれる微生物はいないのです。

今から一〇八年前の一九一三年、デンマークの理論物理学者ニールス・ボーアは原子模型を考案しているとき、原子の大きさに比べて、原子核が異常に小さいことから、原子の諸性質のうち原子核に由来するものと、原子核外の電子群に由来するものとは明確に区別される、放射能は原子核の現象であり、原子の普通の物理的・化学的性質は原子核外の電子によって生ずる現象だと考え、現在の原子模型の構造を提示しました。このボーアが原子核の世界は宇宙などで起きていること、地球で起きていることは原子核外の電子の世界であることをおぼろげながらわかった最初の人でしょう。

核分裂や核融合（水爆は核融合を使っています）は宇宙で起きている現象で、例えば、太陽のような恒星はその内部で水素原子が融合してヘリウムになるとき発する莫大なエネルギーを周辺に発しています。恒星は寿命が来ると超新星爆発を起こして周辺にあらゆる元素のチリや放射能をまき散らし、また、それが集まって新たな星（恒星）を形成しています。

この太陽光を受けて地球（惑星）に住む人類を含めた生物は生きていられるのですが、その太陽光や宇宙線からは地球の周りにできた地磁気層、オゾン層、大気圏層など二重、三重の保護層に守られているから生きていられるのです。つまり、原子の中の原子核の分裂や核融合は地球の四六億年の自然では起こり得ない現象です。したがって、地球四六億年の歴史においても、放射能を消すような生物も出現しなかったし、その方法（自然の方法）もないのです。

いわゆる自然界（地球）の仕組みは、すべて、原子核の外を回っている電子のやり取りによる化学現象で事足りています。医療関係などの一部を除き（X線写真など）、人類は物心ついてから二一世紀の現在の第四次産業革命の世界まで、すべてそれで作り出してきました。それですべてできるのです。もともと原子核を壊して、何かをやろうとするのなら、その弊害をなくす方法をみつけてやるべきです。ところが、戦時にたった三年のマンハッタン計画でとにかく原爆を作ることしか考えずに作り出したのが原爆でした。それから派生したのが原発でした。だから、現在に至っても、放射能を消す方法がないのです。高放射性廃棄物を処理する場所がないのです。つまり、原発が持つ人類が克服できない二つの問題―原発では事故が絶対に許されないこと（放射能が漏れないこと）と放射性廃棄物を半永久的に保管管理しなければならないということが起きているのです（同根の原水爆は核戦争が絶対に許されないということです）。

人類はどうしてこんなことに陥ったか、原爆も原発も原点は同じですが、本書は一〇〇年前の原点にさかのぼって、核分裂の発見の経緯、第二次世界大戦中、マンハッタン計画で原爆を開発した経緯、多くの科学者の反対を押し切って原爆を日本に投下した経緯、つまり、無思慮にパンドラの箱を開けてしまった経緯、戦後アメリカが核の独占を図ろうとして国際管理を拒否した経緯、核の平和利用をアピールしたかったアイゼンハワー大統領が原発を利用した経緯、安全性を厳密に検討せず、つまり、メルトダウンを不問にして原発を大型化した経緯、放射性廃棄物の最終処分方法[illegible]術が未確立のまま、また、安全性も、やっているうちに何とかなるだろうという甘い[illegible]、見切り発車した経緯などを記してきました。原子力は科学技術の粋であるといわれ、みんなその言葉を信じてきましたが、とても合理的、科学的精神とは相容れないものであると言えましょう。

過去七五年間解決できなかったこの核分裂エネルギーの本質的な問題点は、今後、七五年経っても答えは出ないでしょう。なぜなら、科学の原理に反しているのですから。神でない人類は（神は人類が発明しましたが）〝絶対〟安全な機械システムは開発できないのです。人間は〝絶対〟安全に運転することはできないのです。人間には〝絶対〟という言葉は使えないのです（この世にはアンノウンのことが存在するからです）。

しかし、核分裂と高放射性廃棄物は〝絶対〟に危険であり、人間とは〝絶対〟に同居できないのです。原爆開発も原発開発も人類が冒した最大の間違いで、二一世紀の世界に先送りするのではなく、核兵器も原発も一刻も早く中止し白紙に返すべきです。これの処分方法はただ一つ、パンドラの箱を閉めるしかありません。人類が開けたのですから、閉められます。（核兵器の廃絶については、『人類はこうして核兵器を廃絶できる　核兵器廃絶へのシナリオ』［幻冬舎、二〇二一年一一月刊］に記しています。）

人類は原発とは同居できない

目次

第一章　世界の原発開発の歴史

《一》人類と核（核兵器、原発）の一〇〇年史

原子力発電は、第二次世界大戦中にアメリカが開発した原子爆弾の技術からスピンオフ（移転）した技術です。その原子爆弾を生み出した量子論や原子核物理学の成立から考えてみても、二〇世紀のはじめであり、人類が二〇世紀の新科学で生み出したまさに純粋な科学の産物であり、それが私たち人類を含む四〇億年の歴史を持つ地球生物と共存できるかという問題をはらんでいます。

原子核の発見から一〇〇年経った現在は、この一〇〇年の核と人類の関係を見つめ直し、本当に人類と核（核分裂、放射能）は共存できるか、考えるべきときに来ています。

純粋に人類が生み出したものであれば、取り返しがつかなくなる前に、純粋に人類の理性で、原水爆、原発を取りやめることができるはずです。そのような意味で、人類と核（核ミサイル、原発）の一〇〇年史を表したのが、図一（一九ページ）です。

図一は、左右に核兵器と原子力発電に分け、第一段目から第七段目までに分割して記していますが、核兵器技術がスピンオフして、第五段目から原発産業（原子力発電産業）が

派生してきました。したがって、ここでは原爆開発については、以下のように概要を述べるに留めます（核兵器の開発と廃絶の詳細については、拙著『人類はこうして核兵器を廃絶できる　核兵器廃絶へのシナリオ』［幻冬舎、二〇二一年一一月刊］をご参照ください）。

第一段階目

ここでは量子力学、相対性理論など二〇世紀の新しい科学から、量子の世界、原子の構造などが明らかとなり、原子核の分裂という現象が発見されるところまでです。

一八九五年、ドイツのレントゲン教授は、陰極線の研究をしているときに、光は遮蔽《しゃへい》されていたのに机の上の蛍光紙の上に暗い線が表れたのに気づき、未知の光の存在を予感しX線と名づけました。この発見は直ちにX線写真として医学に応用されたため、レントゲンはX線発見の功績で一九〇一年の第一回ノーベル物理学賞を受賞しました。

一八九六年、フランスの物理学者アンリ・ベクレルはウラン鉱が放射能（アルファ線）を放出することを発見しました。一八九八年、フランスのピエール・キュリーとマリ・キュリーはウラン鉱から高いレベルの放射線を出す未知の元素を精製しポロニウムと命名しました。

一九〇〇年、ドイツの物理学者マックス・プランクは、熱力学の黒体放射の研究をしているとき、光のエネルギーが、ある最小単位の整数倍の値しか取ることができないという量子仮説（量子化。「とびとび」化）を発見、その後の量子力学の幕開けに大きな影響を与えることになりました。極微の量子の世界がそれまでの人類の知っている世界と大きく異なることを発見したのです。

一九〇七年、ドイツ生まれの理論物理学者アインシュタインは、一九〇五年に特殊相対性理論を発表しましたが、そのアインシュタインの運動方程式において、この物体が運動していない場合、つまり、運動量p＝0の場合のエネルギーを表す式は$E=mc^2$となったと発表しました。これは質量とエネルギーの等価性とも言われますが、この意味をわかる人はあまりいませんでした。アインシュタインもこの式を機械的に導いただけで、それ以上、原爆開発とまったくかかわっていません（一度、頼まれてルーズベルトへの手紙にサインしただけです）。しかし、この式が意味することは重大で、質量が消失するならばそれに対応するエネルギーが発生するという事実を人類は初めて知ったのです。

一九三二年、原子核の研究を行っていたイギリスの物理学者ジェームズ・チャドウィックは、一九三二年に中性子を発見しました。電気的な斥力を受けない中性子はよりウランなどの重い元素の原子核に作用させることができる可能性が出てきました。

一九三〇年代の物理学者たちは、ウランの原子核が中性子による衝撃を受けたとき、原子核に何が起こるかを知りたいと願って、競って研究をし始めました。原子核物理学の誕生でした。

ドイツのカイザー・ヴィルヘルム化学研究所の化学者オットー・ハーンとオーストリア出身の物理学者リーゼ・マイトナーの共同研究チームもその一つでした。

一九三八年、オットー・ハーンは、「ウランの原子核に中性子を照射したら核が大きくならず、しかもウランより小さい原子であるバリウムの存在が確認された。何が起きているのか」とデンマークに亡命していたマイトナー（ユダヤ人でした）に問い合せしました。マイトナーは、ウランの原子核が核分裂をしたことをボーアの原子模型に基づいて証明し、科学誌「ネイチャー」に発表しました。今日では、ハーンは核分裂の発見者であり、マイトナーは核分裂の概念の確立者であるとされています（ドイツ人であるハーンだけがノーベル賞を受賞しました）。

人類はここではじめて核分裂（マイトナーが名づけました）を知りました。この核分裂はその後、原子爆弾と原子力発電を生み出すことになり、このマイトナーの発見は、二〇世紀のその後の原子核物理学がたどった道筋に最も重要な役割を果たした発見でした。

なお、図一の左側に記しましたように、この二〇世紀に成立した量子論や相対論から、一九三〇年頃から、現代宇宙論、量子力学、量子化学などの新しい学問が生まれ、第二次世界大戦後、電子機器、電子材料、情報産業、宇宙産業など、現代社会を支える新産業になっていったことはご存じの通りです。

第二段階目

オーストリア出身の物理学者レオ・シラードは先を見通すことに長けていました。チャドウィックが一九三二年に中性子を発見すると翌年一九三三年、シラードは核分裂の連鎖反応のアイディアが浮かびイギリスで特許を取りました（特許は理論だけでも取れます）。

レオ・シラードが密かに危惧していた中性子によるウランの核分裂実験が一九三八年、ドイツのオットー・ハーンらによって成功したことを知ると、レオ・シラードは、ヒトラーが原子爆弾を先に完成させるのではないかという強い危機感を抱くようになり、アメリカに移住しました。

アメリカへ渡ったシラードは、知名度が高かったアインシュタイン（すでに一九三三年

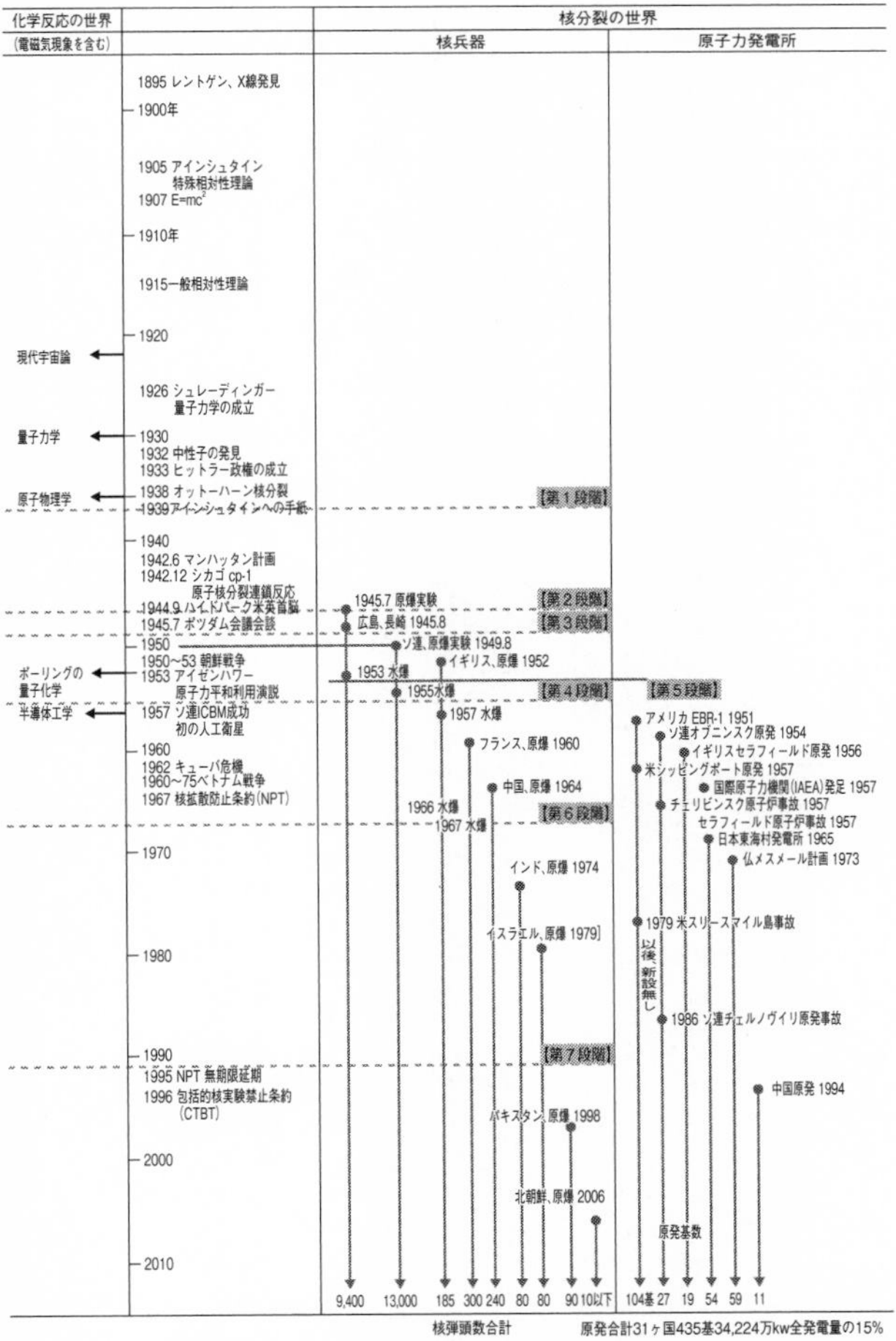
化学反応の世界
(電磁気現象を含む)
核分裂の世界
核兵器
原子力発電所
1895 レントゲン、X線発見
1900年
1905 アインシュタイン 特殊相対性理論
1907 E=mc²
1910年
1915一般相対性理論
1920
現代宇宙論
1926 シュレーディンガー 量子力学の成立
量子力学
1930
1932 中性子の発見
1933 ヒットラー政権の成立
原子物理学
1938 オットーハーン核分裂
1939アインシュタインへの手紙
【第１段階】
1940
1942.6 マンハッタン計画
1942.12 シカゴ cp-1 原子核分裂連鎖反応
1944.9 ハイドパーク米英首脳
1945.7 原爆実験
【第２段階】
1945.7 ポツダム会議会談
広島、長崎 1945.8
【第３段階】
1950
ソ連、原爆実験 1949.8
1950～53 朝鮮戦争
イギリス、原爆 1952
ポーリングの 量子化学
1953 アイゼンハワー 原子力平和利用演説
1953 水爆
1955水爆
【第４段階】
【第５段階】
半導体工学
1957 ソ連ICBM成功 初の人工衛星
1957 水爆
アメリカ EBR-1 1951
ソ連オブニンスク原発 1954
1960
フランス、原爆 1960
イギリスセラフィールド原発 1956
1962 キューバ危機
1960～75ベトナム戦争
米シッピングポート原発 1957
中国、原爆 1964
国際原子力機関(IAEA)発足 1957
1967 核拡散防止条約(NPT)
1966 水爆
チェリビンスク原子炉事故 1957
【第６段階】
1967 水爆
セラフィールド原子炉事故 1957
日本東海村発電所 1965
1970
仏メスメール計画 1973
インド、原爆 1974
1979 米スリースマイル島事故
イスラエル、原爆 1979]
1980
以後新設無し
1986 ソ連チェルノヴイリ原発事故
1990
【第７段階】
1995 NPT 無期限延期
1996 包括的核実験禁止条約 (CTBT)
中国原発 1994
パキスタン、原爆 1998
2000
北朝鮮、原爆 2006
原発基数
2010
9,400
13,000
185
300
240
80
80
90
10以下
104基
27
19
54
59
11
核弾頭数合計
原発合計31ヶ国435基34,224万kw全発電量の15%

図一　人類と核（原水爆、原発）の一〇〇年史

にアメリカに亡命しプリンストン大学の教授になっていました）に頼み込み、アメリカ政府の原爆開発への関心の喚起と原爆の研究がすでにドイツの政府レベルで行われていることを示唆する事実を指摘する手紙をルーズベルト大統領へ出してもらいました。

ルーズベルト大統領は、この手紙とイギリスのチャーチル首相からも、原爆開発の可能性の報告書を受けて、一九四二年六月、ついにマンハッタン計画（原爆開発計画）を発令しました。

同じ時期、確かにドイツでも原爆開発の基礎研究をやり始めていました。一九四二年三月末には、イギリス空軍は新たに開発した焼夷弾による無差別爆撃をドイツの中世の都市リューベックに試み、一夜の空襲でリューベックの町並みが焼き尽くされ、ドイツで初めて数千人もの死傷者が出る結果となりました。四月二六日のドイツ帝国議会で、ヒトラーは激昂し、「今後殴打には殴打をもって応えることにする」といきりたって、何でもいいから復讐の手段を求めていました。原爆に関する第三回目の会議が一九四二年六月四日に持たれ、軍需大臣シュペーアと空軍元帥ミルヒとその側近が出席したこの会合こそ、ドイツの原爆開発を望む者たちにとって、これ以上の好機はないと考えられました。

しかし、鍵を握る男―量子力学を生み出した物理学者の一人で、原爆開発で最も期待されていたハイゼンベルクでしたが、その応答はのらりくらり煮え切らない態度で、という彼からは前向きの発言は皆無で、ついに原爆開発計画はヒトラーに上がる最良の機会を失って、ドイツの原子炉は基礎研究で終わってしまいました。

もう一人の量子力学を作り上げた男―デンマークのニールス・ボーアは、第一に、原爆の出現は人類の過去の経験に類のない怪物となる、第二に、このような怪物を一つの国が独占し続けうるとは考えられず、遅かれ早かれ競争相手国もこれを所有することになると確信しました。

そこでボーアが考えたことは、①人類に許される選択は、列強が、他のいかなる国も核兵器生産を行っていないことを相互に確信し合える世界を目指す政策を取るか（国際管理）、あるいは②常に世界全滅の亡霊に支配された世界を取るかのいずれかであり、その中間の選択はありえないというものでした（オール・オア・ナッシングの考え）。新しい兵器の威力は、それほど強大であり、原子力を何らかの形で国際的に管理することによって、列強にそれぞれの安全を保障しない限り、列強は自己破滅の種をまくような政策を取らざるをえなくなる、というのがボーアの結論でした。

したがって、原爆開発により新しい国際秩序を形成することが不可欠で、原子力国際管理のための協定を作り上げるのは、原爆開発が完成する前、そして戦争が終結する前にソ連を戦後、原子力計画の相談に参加させることによってしか達成できない、というのがボーアの主張でした（今から思うとボーアの方法しか道はなかったと思われます）。

このような信念のもとにボーアは、英米間を何度も往復し、ルーズベルト大統領やチャーチル首相に会って、直接訴えましたが、ボーアの原爆の国際管理提案は徒労に終わってしまいました。

一九四四年九月、チャーチルはルーズベルトを訪ねて、ハイドパーク協定を結びました。ドイツ降伏は時間の問題となり、しかも、ドイツは核開発の基礎研究の段階に留まっていることがわかりましたが、マンハッタン計画を中止するのではなく、「原爆が完成した暁には、熟慮の後、おそらく日本に対して使用される。その際、日本に対して、降伏するまでこのような爆弾による攻撃が繰り返される旨の事前の警告を与えるべきである」と申し合わせました（アメリカが中止しないように先手を打ったと考えられています）。

一九四四年一〇月、ドイツの敗色がいよいよ濃厚になると、アメリカはマンハッタン計画で開発の目途がついた原爆を日本に投下する準備部隊を発足させました。

第三段階

一九四五年四月一二日、ルーズベルトは病気で亡くなり、副大統領のトルーマンが大統領になり、原爆投下の鍵を握る男となりました。トルーマンは慎重にかつてのルーズベルト側近や周囲の者から、原爆開発の経緯などを聞いていきました。

一九四五年六月には、シカゴ大学のジェイムス・フランクが、マンハッタン計画に加わったグレン・シーボーグ、レオ・シラードなどの科学者と連名で、以下のような報告書「フランクレポート」を大統領に提出しました。

「核爆弾は、この国が独占権を持つ『秘密兵器』としては、おそらく数年以上にわたっては存在できないであろう。その構造の基礎となる科学的事実は他国の科学者にもよく知られている。核爆発物の有効な国際管理制度が確立しなければ、つまり、事前に国際管理制度を作っておかなければ、我々が核兵器を持っていることが世界に知られるや否や、核軍拡競争が確実に起こるだろう。

ソ連に原爆の情報を与えず、国際管理にも加えずに原爆を実戦使用するなら、ソ連はそれを脅しと見なし、国際管理だけではなくあらゆる交渉において頑《かたく》なな態度を取ってくるだろう。だから戦後の平和のためにも日本に使用してはならない。（中略）日本に使用するのではなく、それに代わって、砂漠か無人島でその威力を各国にデモンストレーションすることにより戦争終結の目的が果たせる。まず、核兵器の国際的な管理体制を作り上げることが肝要である」

一九四五年七月一六日の原爆実験が成功したとの報が、スターリン、チャーチルとの会談のためにドイツ・ポツダムに移っていたトルーマン大統領に入ってきました。マンハッタン計画で原爆開発に携わった科学者やアメリカ国務省、軍上層部なども日本への原爆投下に反対しましたが、原爆の威力を見せつければ、戦後の世界でソ連を「扱いやすく」できると、トルーマン大統領は日本に原爆を投下することを決断しました。

第四段階目

ニールス・ボーアや原爆を開発した科学者が言っていましたように、一九四五年一二月の米英ソのモスクワ三国外相会議は失敗し、一九四六年六月の国連原子力委員会にアメリカは、原子力の原料から開発・使用に至るまでをアメリカの息のかかった国際機関によって管理し、違反国に対する査察や処罰には国連の拒否権を認めないとする案を提案しました。これに対して、（すでに一九四三年から原発開発に着手していた）ソ連はこの案が引き続き米英による原爆独占を狙うものと反発しました。しかも、一九四七年秋以降、米ソ間の対立（冷戦）が激化するにつれ、ますます歩み寄りの余地はなくなり、一九四八年五月には何らの成果も挙げられぬまま、核の取り扱いに関する米ソの交渉は事実上終わってしまいました。

一九四九年八月、ソ連が原爆実験に成功し、アメリカ側の科学者の予想通り、米英の原爆独占は四年程度しかもちませんでした。以後、米ソ間では際限のない核軍拡競争が展開されることになりました。トルーマン政権は対抗して翌五〇年一月に原爆より一層強力な水爆（水素爆弾）の開発を決定しました。

水素爆弾では、まず、原爆を爆発させ、その莫大なエネルギーで水素の原子核が融合してヘリウムの原子核を形成するときに発生するさらに膨大なエネルギーを利用するように設計されていました。核融合が起きるには一〇〇〇万度が必要で（太陽の中心は一五〇〇万度です）地球の自然ではありえないことです。やはり核分裂や核融合は地球外の宇宙でしかありえないことです。

一九五二年一一月、アメリカは水爆の爆発実験に成功しました。ソ連も一九五五年一一月に水爆実験に成功しました（この一年前に成功という説もあります）。米ソの開発期間差は原爆で四年、水爆で二年で確実に縮まっていました（以後、米ソの、米ロの、その後の米中の核兵器、核ミサイル競争もすべてアメリカが強硬策をうち［いわゆる核抑止論］、それを他が追随するということが現在も続いています）。

さらに米ソ両国で核実験が続けられ、一九五五年から一九五六年には爆撃機にも搭載可能になり核兵器における威力対重量比が格段に増大する結果となりました（その後は核ミサイルとなりました）。いわゆるメガトン級核兵器の登場でした。

冷戦中に製造された最も大きい水爆は、一九六一年にソ連が実験に用いたもので、その破壊力は五〇メガトン（五〇〇〇万トン）に達していました（水爆はまだ際限なく大きくできます）。

原爆（二万トン）一発で広島はまさに焦土と化しましたが、水爆一発はその二五〇〇倍の威力を持つのですから、東京の周辺を含めて関東圏、ニューヨーク広域圏、モスクワ広域圏、北京広域圏などの数千万人が一瞬にしてゆうに消滅してしまいます。ということは、現在、世界には数十の都市広域圏がありますが、数十発の水爆で一瞬にして（今や同時発射は可能です）、世界の主な都市広域圏が消滅してしまうこともありえることを意味します。

これだけの威力を持つ兵器の出現は、即、ジ・エンドです。戦争の終わりです。人類の終わりです。『自然の叡智　人類の叡智』（二九五ページ参照）では、人類始まって以来の古代の歴史から、戦争や兵器の変遷を述べてきましたが、これだけの恐怖の兵器が出現したら、もはや戦争はできません（正常の人間なら、狂人はいざ知らず）。どんな理由があろうと、どんな主義、主張があろうと、もう、戦争はできません（自由主義を守るため、民主主義を守るため、これらは単なる強者が自己、自国を正当化するための方便に過ぎません）。それを現在まで延々と七五年もやってきたのですから、しかも双方とも数万発も積み上げて、世界中の人々を人質にして張り合っているのですから、人類最大の恐怖であり愚行であると言えるでしょう（今、新コロナパンデミックで七八億人が恐々としていますが、核の現実はその比ではありません。みなが知らないだけです。忘れているだけです）。

このようにアメリカの原爆独占は、ソ連の原爆開発成功によって破られ、アメリカは水爆開発に成功、その二年後にソ連も水爆開発に成功、イギリスも原爆・水爆実験に成功し、フランス、中国も追随する気配を示し、原爆は際限なく世界に拡散する気配を示しました。

第五段階目

一九五三年一二月八日、アイゼンハワー大統領が国連総会の場で、核分裂物質を国際原子力機関に供出し、国際機関の管理下で原子力の平和利用（原子力発電）に提供することを提唱しました。その意図をアイゼンハワー自身は、核兵器に対する恐怖心を和らげ、原子力の平和利用を目的とすることで、ソ連を原子力の国際管理体制に参加させることにあったと語っています。つまり、アイゼンハワー政権が原子力の平和利用を提唱した背景には、にっちもさっちもいかなくなった際限のない核軍拡競争を展開していたソ連をも組み込めるような原子力の国際管理体制の構築や、ソ連に続きイギリスも原爆実験に成功したため（その他の国、フランス、中国なども核開発の動きを示していたので）、核兵器の拡散をどう防ぐかという意図が込められていたのであり、平和利用と核兵器の国際管理の実現という二重の目的が秘められていました。

これは、第二次世界大戦末期から戦後にかけて、最初から科学者たちが提案していた（日本へ原爆を落とすのではなく）核兵器の国際管理提案を蹴って、核の独占を図ろうとしたアメリカ政府の試みが数年にしてほころびをみせたので、それを打開するために「平和利用」を表看板にして他国をそちらに導いて（原子力発電の技術は提供する、その代わり核兵器開発はするな）、核兵器に手を出さないようにしようという意図がありました。

いずれにしても、ここから今度は原子力発電の一番乗り競争が米ソ英で繰り広げられましたが、それを図一の右端の方に記しています。本書はここから始まります。引き続き真ん中の「核兵器の歴史」を記したのが拙著『人類はこうして核兵器を廃絶できる　核兵器廃絶へのシナリオ』（幻冬舎、二〇二一年一一月刊）です。

図一でもわかりますように、民事利用（原発）は歴史上一貫して、軍事利用の「分家」のような存在でした。商業発電用原子炉は、軍事利用のスピンオフ（技術移転）の形で普及を始めたものです。たとえば世界の原発の大半を占める軽水炉は、原子力艦艇（潜水艦、航空母艦）用原子炉を発電用に転換したものです。核燃料サイクル関連技術（ウラン濃縮、核燃料再処理、高速増殖炉など）も、やはり軍事利用のスピンオフの形で派生したものです。

『自然の叡智　人類の叡智』の第一六章に記した第三次産業革命の産業はいずれも、アメリカの第二次世界大戦中に開発された軍事技術が戦後、スピンオフして発展したと述べました。砲弾軌道を計算する電子計算機から発展したコンピューター科学と情報通信産業やドイツのVⅠ、VⅡ（Vは復讐の意味）技術を取り入れた核ミサイルから発展した宇宙産業などでは、本家（軍事）を越えて発展し、人類社会の主要な産業となっています。今では電子部品など軍事開発品より、民需開発品が安くなり（大量生産するからです）、逆に民需品が軍需品に利用されるようになっています（これをスピンオンといいます）。「分家」といえどもビッグ・ビジネスに成長するようなことがあれば、「本家」をしのぐ存在感を発揮することができた可能性がありますが（原発も当初はそのように期待されましたが）、原子力産業ではそれが実現されていないのは、これが出生時から持つ宿命的な限界（核兵器に転用できる、致命的な事故の可能性、万年単位の高濃度核廃棄物の管理の問題、つまり、地球上で普通に起きない現象を人為的に作り出したことに起因しています）を人類は解決（克服）できないからです。

第六段階目

米ソ冷戦と米ソ代理戦争の時代になり、米ソの冷戦はエスカレートし、ついに朝鮮戦争やベトナム戦争に発展しました。キューバ危機はあわや米ソの核戦争一歩手前までいきました。

その技術競争の第一ステージでの結果が出たのが宇宙開発の分野、いや、そうではなく軍事分野の大陸間弾道ミサイル（ＩＣＢＭ）の成功でした。宇宙開発というのは、その後の単なるつけたしにすぎませんでした。つまり、一九五七年八月、ソ連は密かにＩＣＢＭ

の実験に成功しました。この技術力を誇示するために、急遽、そのミサイル用ロケットを使って二ヶ月後の一九五七年一〇月に人工衛星の打ち上げに成功しました。

第七段階目

核兵器の地球的拡散となり、米ソ（のちにはロシア）の核ミサイル網は地球表面を覆うようになりました。英仏中へと拡散した核兵器は、その後もインド、パキスタン、イスラエル、北朝鮮に拡散し、現在、イランの核開発疑惑が焦点になっています。イランが本当に核兵器開発を放棄するかどうかは、今後の中東の情勢次第です。

以上が核一〇〇年史ですが、図一のように、この分野は核分裂の世界であり、放射能が支配する世界です。人類はこのまま、地球の中に核の世界を拡大させて、果たして世界がコントロールできるでしょうか。

前述しましたように核融合（水爆は核融合を使っています）や核分裂は宇宙で起きる現象で、たとえば、太陽のような恒星はその内部で水素原子が融合してヘリウムになるとき発する莫大なエネルギーを周辺に発しているのです。恒星は寿命が来ると超新星爆発を起こして周辺にあらゆる元素のチリや放射能をまき散らし、また、それが集まって新たな星

（恒星）を形成していくのです。つまり、原子の中の原子核の分裂や核融合は地球の四六億年の自然では起こり得ない現象です。したがって、地球四六億年の歴史においても、放射能を消すような生物も出現しなかったし、その方法（自然の方法）もないのです。

『自然の叡智　人類の叡智』で述べましたが、四六億年の間に、地球が持つ巨大な磁石の仕組みから地球の周りに磁気圏が形成され、海洋底などで生物が誕生し、二七億年前に出現したシアノバクテリア（光合成細菌）が出す酸素の量が増大し大気層の酸素濃度が増大し、それがオゾン層を生み出し、磁気圏やオゾン層、大気層で宇宙線や太陽風の放射線・紫外線などから地球表面の生物圏を隔てる保護層が、二重、三重にもできて、はじめて地球表面層に生物が棲めるようになった歴史を記しました。もともと宇宙と地球生物圏は相容れないものです。地球上での核分裂や核融合は人間はもとより全生物と原理的に同居できない代物です。人類は第二次世界大戦のドサクサの最中にヒトラーという怪物に怯え、ついパンドラの箱を開けてしまったのです。パンドラの箱の中から飛び出したのが、生命（生物）と相容れない放射能だったのです。

地球表面の自然現象は、すべて、原子の原子核の外を回っている電子のやり取りによる化学現象で事足りています。医療関係などの一部を除き（X線写真など）、人類は二〇世紀から二一世紀の現在の第四次産業革命の世界まで、すべてそれで作り出してきました。それですべてできるのです。もともと原子核を壊して、何かをやろうとするのなら、その弊害をなくす方法をみつけてやるべきです。ところが、戦時にたった三年のマンハッタン計画でとにかく原爆を作ることしか考えずに作り出したのが原爆でした。だから、現在に至っても、放射能を消す方法がないのです。高放射性廃棄物を処理する場所がないのです。

一旦開けてしまったパンドラの箱をすぐ閉めれば問題なかったのですが（広島・長崎に落とさず、国連管理にすればよかったのですが）、世界の覇権国家になろうとする人間の性《さが》がこれを閉めるのではなく、自国（アメリカ）だけ有利に運ぼうとしたのです。その結果、核兵器はこの七五年で九ヶ国に拡散しています。原発は数十ヶ国が保有しています。

原爆、原発の出生の秘密は同根です。地球上で生物である人間とは同居できないのです。それを「科学技術がこれだけ進歩したのだから、これから何とかなる」と言い張る者がいて（国があって）、原発開発から約七〇年、地球上に約五〇〇ぐらいの原発が存在し、まだ、増加しています。

現在の発展途上国がやがて（二一世紀末までに）、世界人口の九割を占める時代になります。つまり、現在の先進国人口が（ほとんど増えません）一〇億人で、九〇億人が現在の途上国という世界になりますが（もちろん、現在のような先進国、途上国の分類範疇が変わっているでしょうが）、そこで核ミサイル数千〜数万基、核兵器保有国十数ヶ国（いまのやり方では核保有国はさらに増えると思われます）、原発、たとえば千基（現在、約五〇〇基）という地球世界がコントロールできるでしょうか。

地球温暖化対策は結局、破綻し、台風やハリケーンが荒れ狂う世界、人類は放射能から安全に生きていけるでしょうか。人類は核分裂、つまり、放射能と同居して、この地球で生きていけるでしょうか。

ここでは、第五段階目の原子力発電開始から始めることにします。

《二》アメリカの原発開発の歴史

原子力潜水艦の開発

原子力の分野で原爆の次に実用化されたのは潜水艦の動力炉でした。

戦後、アメリカ海軍のハイマン・G・リッコーヴァー大佐は、ナチス・ドイツの核エネルギーを利用した潜水艦の構想を知って、その革新性に着目し、原潜開発を上層部に訴えました。当時の軍事的な核利用は爆弾が中心であり、巨大な原子力発電プラントを潜水艦に搭載することなど思いもよらぬことで、リッコーヴァー大佐の提案はしりぞけられました。

しかし、リッコーヴァー大佐はあきらめず、チェスター・ニミッツ提督に直訴して、ついにアメリカ海軍原子力部が設立され、彼はその長に就任しました。リッコーヴァーは、軍事産業各社に潜水艦に搭載する小型原子炉の開発を競わせましたが、名乗りを上げたのはGE（ゼネラルエレクトリック社）とWH（ウエスティングハウス社）の二社で、結局、WHが開発した加圧水型原子炉（PWR）が採用され、沸騰水型原子炉（BWR）のGEは敗退しました。

潜水艦においては海洋状態や気象、艦の機動によって船体が揺れたり傾いたりする可能性があります。加圧水型は、冷却水は放射能を含む一次系と含まない二次系に分かれています。これに対し、沸騰水型原子炉（BWR）は、一次冷却水、二次冷却水の区別はなく、原子炉の中で直接、蒸気を作り、その蒸気がそのまま格納器の外に出ています。そこで沸騰水型では冷却水が炉心を十分に冷やせない事態が懸念されるため、潜水艦では現在まで沸騰水型原子炉は採用されたことはありません。

こうしてリッコーヴァーの指揮の下、世界最初の原子力潜水艦「ノーチラス」（一九五四年竣工）が開発されました。このことからリッコーヴァーは「原潜の父」と呼ばれています。ノーチラスは世界で初めて北極の下を潜航して横断したことでも知られています。

史上初の原発

原潜の次に軍事用に開発された原子炉を民間に転用して原子力発電（原発）をする計画が立てられました。原子力委員会の下で、史上初の原発は、一九五一年、アメリカの高速増殖炉ＥＢＲ－Ｉで実現しました。この原子炉は、アルゴンヌ国立研究所のウォルター・ジンのチームによって設計され、アメリカの国立原子炉研究所（現在のアイダホ国立研究所）の施設として、一九四九年遅くに建設が始められました。この時に発電された量は一キロワット弱、二〇〇ワットの電球を四個灯しただけでした。ＥＢＲ－Ｉは、世界初の原子力発電を行った原子炉というだけではなく、世界初の高速増殖炉でもあり、世界初のプルトニウムを燃料とした原子炉でもありました。

高速増殖炉とは、「高速」の中性子を利用してプルトニウムを増殖、つまり、消費する核燃料よりも新たに生成する核燃料の方が多くなる原子炉のことです。その後、この高速増殖炉は、一九六四年に閉鎖されるまで、様々な実験的用途に用いられました。

太陽エネルギー開発より原発開発

トルーマンが任命したアメリカの天然資源を調査する委員会が一九五二年に提出した『自由のための資源』という報告書では、一九七五年までにアメリカとその同盟国が化石燃料の不足に直面すると予想し、代わって太陽エネルギー開発を推奨していました。一九七三年に第一次石油危機が起きましたが、その二〇年も前に太陽エネルギー開発を推奨していたとは先見性がありました。

しかし、一九五〇年七月に初代リリエンソールに代わって原子力委員長に就任したゴードン・ディーンは、太陽エネルギーよりも原発の可能性を重視し、五年から一〇年後の実用化を目指して原発開発に乗り出す考えでした。それに対して、マンハッタン計画で原爆開発を推進したエンリコ・フェルミやロバート・オッペンハイマーなどの科学者は、原発がまだ「手の届く所にはない」として慎重な姿勢を示しましたが、ディーン委員長は、翌一九五一年半ばになると、電力会社や化学会社に原子炉開発のための補助金を与え始めました。

また、ソ連に続きイギリスも一九五二年一〇月に原爆実験を成功させたため、核兵器の拡散をどう防ぐかという問題が現実のものとなってきました。

このようなとき、一九五二年一一月の大統領選挙で朝鮮戦争の早期休戦を訴えた共和党のアイゼンハワーが大統領になりました。

アイゼンハワー大統領の原子力平和利用に関する提案

アイゼンハワー政権発足後の一九五三年三月に開催された国家安全保障会議（ＮＳＣ）では、トルーマン大統領の民主党政権時代の政府主導の原発の開発路線を転換し、政府援助による民間主導の原発開発の方向を採用することが承認されました。

そして、アイゼンハワー大統領は、（日本の真珠湾攻撃から一二周年記念日の）一九五三年一二月八日には国連総会の場で、「Atoms for Peace」という演説を行い、核分裂物質を新しく設立される国際原子力機関に供出し、国際機関の管理下で原子力の平和利用を行おうと提唱しました。その意図を前述しましたようにアイゼンハワー自身は、核兵器に対する恐怖心を和らげ、原子力の平和利用を行うことで、ソ連を原子力の国際管理体制に参加させることにあったと語っていました。

この提案を受けて、アメリカでは、原子力法が改正されて、原子力開発の国際協力を可能にする条項が付け加えられ、また、はじめて民間企業が自分の原子炉を所有することが認められ、原子力委員会に民間の原子炉計画に対する財政的及び技術的援助を与える権限が付与されました。

一九五四年八月に原子力エネルギー法が修正され、アメリカ原子力委員会が原子力開発の推進と規制の両方を担当することとなりました。

アメリカのダレス国務長官は一九五四年九月の国連総会で原子力の平和利用を促進するため国際原子力機関の設立と専門家による国際会議の開催を提案しました。この提案に対してソ連は、設立される国際機関が加盟国の安全を脅かさないなどの条件を付した上で、交渉に意欲を示しました。それは、前年三月にスターリンが死去して以降、ソ連が核実験の停止などを求める「平和攻勢」を開始していたからでした（スターリン後のソ連の新首脳部は原水爆に大きな危惧を持っていました）。その後、国際原子力機関（ＩＡＥＡ）が一九五七年に八一ヶ国が参加して発足することになりました。

原子力発電所の稼働（第一世代の原子炉）

一九五四年三月に太平洋上のビキニ環礁で行われた水爆実験で日本の第五福竜丸が被爆した事件は、日本のみならず、アイゼンハワー政権にも大きな衝撃を与えました。この水爆実験による放射性降下物で二三六人のマーシャル諸島民と第五福竜丸の二三人の船員が被爆し、船員一人の死者が出ました（ヒロシマ、ナガサキに続く第三の被爆犠牲者といわれました）。

アイゼンハワー政権としては、ビキニ事件などで高まった原水爆禁止の国際世論を原子力の平和利用の「夢」を広めることで鎮静化させようとしていましたが、原子力発電の一番乗りはアメリカではありませんでした（前述しました一九五一年の高速増殖炉ＥＢＲ－Ｉの発電は除きます）。

一九五四年六月二七日、ソ連は世界初の原発を完成したと発表しました。モスクワ郊外のオブニンスクにあるオブニンスク原発が、実用としては世界初の原発として稼働し、五〇〇〇キロワットの発電を行いましたが、これも発電量より多くの電力を必要とするもので、とても実用とは言えないものでした。

それでもソ連に先を越されたこともあり、原子力法改正が実現した翌月の一九五四年九月、アイゼンハワーはペンシルベニア州・ピッツバーグ近郊のオハイオ川沿岸にシッピングポート原発の建設を政府主導で開始することを全米に向けてテレビ放送で発表しました。この計画の最高責任者はアメリカ原子力委員会（ＡＥＣ）のリッコーヴァーでした（前述しました「原潜の父」でした）。彼は、原潜ノーチラス号が搭載したのと同じ加圧水型原子炉を採用し、出力は原潜と同じ六万キロワットでした。これなら早期の民間転用が可能と見られたからでした。

こうしてアメリカはソ連に遅れること三年、後述するイギリスにも遅れること一年で、原潜ノーチラス号の技術を受け継いだシッピングポート原発の原子炉が一九五七年一二月に稼働しました。

このシッピングポート原発はアメリカ最初の商業用原発でした（これでわかることはイギリスもアメリカも最初に作った原発はいずれも五万とか六万キロワットのいわば原潜並みの発電能力しかありませんでした）。

このシッピングポート原子力発電所は、原子炉全体を動かす設備などの配置は今日とは違い大がかりなものとなっていました。タービン建屋、蒸気を作る建屋、その他建屋に分かれており、それぞれ原子炉建屋に独立した四つの箱がくっついた形状となっていました。

つまり、安全性を考えて、原子炉建屋だけでなく、タービン建屋、蒸気を作る建屋なども独立した頑丈な建屋で保護されていました。

原発システムは、大きく分けて、基礎（地盤）があり、その上に原子炉とその他の設備が乗っていて、どこがやられても、このシステムはダウンします（原発の場合はダウンするということは原子炉が暴走を始めるということです）。たとえば、外部電源が切れたときには、その他の設備の中の非常用電源が稼働して原子炉へ電力を供給しなければなりません。そのような意味ではその他の設備が置かれる周辺建屋も原子炉と同じように厳重な保護が必要です。それがシステムであり、原発システムはシステム的発想が最も重要です。

よく原子炉はジェット機が墜ちても壊れないといわれますが、原子炉だけでなく、その他設備にジェット機が墜ちたらどうなるか。今度（二〇一一年三月）の福島第一原発事故でもわかったように、その他設備は外部にむき出しにあり、津波に簡単に飲まれてしまい、非常用電源が絶たれ、外部電源もその前の地震で絶たれ、大事故に発展しました。原発は原子炉建屋、その他設備、基礎地盤（これは地震との関連が重要です）とあくまで三つとも安全でなければなりません。もちろん、それをつなぐところもそうです。それがシステムというものです。

どうも過去に聞いているところでは（原発開始から福島第一原発事故まで五〇年も経っていますが）、原子炉建屋の堅固さだけが強調されて、その他がおろそかになっていたようです。これをシステム設計者はどう説明するのでしょうか。こんな大きな津波が来るとは思ってもいませんでした。〇〇以上のこと（想定外のこと）は考えていませんでした。……と言い訳の連続です。正常な状態で動かすことだけを考えていた原発運転者（電力会社）にそれ以上のことを要求するのは酷であるような気もしますが（原発以外の通常の運転者ならスイッチを切って、避難すれば良いのですが）、原発の場合はそれから暴走が始まるのですから、システム設計者（つまり、製造者）はそれに対する安全策、防止策も考えた上で実用に供すべきことは当然のことです。

この度の福島第一原発事故で日本やアメリカのメーカーの責任がなぜ問われないのか、不思議に思いましたが、原子力損害の賠償に関する法律（原賠法）は「原子力損害については……製造物責任法の規定は、適用しない」（第四条三項）となっていました。つまり、原発は普通の機械システムとは異なる免責条項が入っています。このような免責条項まで入れて無理して実用化（産業化）したのは、やはり、原発出生の秘密（軍事技術）の中にあります。

いずれにしても、この最初の商業用原子力発電所のシッピングポート原発は、システムの安全性確保という点に忠実に基づいて設計されていたようです。しかも、これが一番重要な点ですが、六万キロワットという原子力潜水艦で安全性が確かめられている範囲の出力であったということです。

このアメリカ最初のシッピングポート原発の建設には七二五万ドル（日本円で八・七億円）かかりました。すでに一九八二年一〇月に操業を終了し、廃炉になっています（原子炉圧力容器の重量は約八二一トン。解体の際、切断せずに直接運び出し、そのまま直接埋設処理されました）。

アメリカ原子力委員会は、シッピングポートの他に、二基の大規模原子炉と三基の小規模原子炉の実験を民間企業に求め、研究開発資金を助成しましたが、それらはナトリウム黒鉛炉や高速増殖炉など様々でした。しかし原子力発電の開発には巨額の資金が必要であったし、参入した民間企業は事故の場合の損害賠償が巨額になることを恐れ、免責条項の法定を望んだりしたため（まさに、このときアメリカでは製造物責任の議論をしていました）、また、電力の公営か民営かをめぐる民主・共和党間の路線対立の影響などから、アメリカは商業用原子炉開発の面では遅れをとってしまいました。日本が最初に導入する商業用原子炉がイギリスのコールダーホール型となったのもそのためでした。

アイゼンハワーは、一九五五年六月に締結国に対して実験用原子炉を、その半額をアメリカが負担する形で供与する意向を表明し、そうした結果、アメリカの二国間協定はトルコから始まり、日本を含めて一九六一年までに三七ヶ国と締結させることに成功しました。

しかし、イギリスは一九五六年一〇月に商業用原発のセラフィールドのコールダーホール発電所（黒鉛減速型）の開所式を行いましたので、アメリカはイギリスにも商業用原子力発電所では先を越されました。

バラ色の夢を振りまいた原子力ＰＲ

一九五七年にはＥＥＣ諸国によりユーラトム（欧州原子力共同体）が発足し、同年に前述しました国際原子力機関（ＩＡＥＡ）も発足しました。

原子力発電初期のキャッチフレーズは、「Too cheap To meter」でした。これは、「原子力発電で作った電気はあまりに安すぎるので、計量する必要がないほどだ」という意味でした。原子力発電はそれだけ安く大量に電気を供給できるものと期待されていました。

「アトムが街にやってくる」（当時のアメリカ原子力委員会ＰＲ映画。当時は原発の規制官庁が原発のPRもしていました）では、原子力が限りなく大きな未来をもたらすと宣伝していて、その問題点、危険性には一切触れていませんでした。原子力で動く自動車や航空機、ロケット、原子力をエネルギー源とする新しい都市、原子力を利用したものなら良いものに違いないというイメージを振りまいていました。

水爆の父といわれるエドワード・テラーは、核爆発を使って広大な土地を作り替える計画まで提唱していました（日本では『鉄腕アトム』がはやっていました。アトムは一〇万馬力の原子力で動くロボットという設定でした）。放射能のことは全く触れていませんでした。

建設費にコストがかかりすぎる

しかし、現実はそうではありませんでした。やがて科学者たちは原発が当初考えていたより、難しいことに気づき始めました。これは米英ソともにいえることで、問題は原発建設に費用がかかり過ぎることでした（前述しました原潜と同じ規模、同じ設計思想では高くなるはずです）。バックアップ装置の増設等により、建設費が高騰したのです。原発は他の発電に比べて設備費の割合が非常に大きいため、建設費が高騰するとその影響がより大きくなってしまいました。

そのため、ソ連では建設作業を急いでやるように圧力がかかり、放射線の防護対策がおろそかにされるようになりました。そして一九五七年二月、原発建設の総責任者が放射性物質が漏れる事故で死亡しました。ウラジーミル・メルキン（ソ連初の商業用原子炉の設計者）は「私たちは、コストを削減するように圧力を受けました。原子力を広く安く利用するためです。安全性のことはわかっていましたが、コスト削減を最優先にしなければなりませんでした」と語っています。

また、一九五七年九月二九日夕刻、ソ連のチェリャビンスクの核爆発事故（マヤーク事故）が起きました。のちに最大でレベル七まである国際原子力事象評価尺度（ＩＮＥＳ）でレベル六、つまり、チェルノブイリ事故、福島第一原発事故に次ぐ史上三位の最悪事故でしたが、秘密にされました。

その二週間後の一九五七年一〇月一〇日、イギリスでもウィンズケール原子炉火災事故が起こりました。前述しました世界最初の商業用原発のコルダーホール発電所と同じ敷地にあり、この事故は、ＩＮＥＳのレベル五の事故で、世界初の原子炉重大事故でしたが、これも秘密にされてしまいました。これらが公表されていれば、原発の進む道も異なっていたかもしれません。

このような事故で、当時からも科学者の中には原子力は急ぎすぎたのではないかと疑問を抱く者もいました。実際、どの国の科学者もほとんどは原子力を安全にコントロールする方法がわかっていませんでした。しかし、当時の科学者たちは原子力に熱狂する政治家にあと押しされて、原発推進しかありませんでした。

第二世代、第三世代の原子力発電所

アメリカのWHとGEは、すでに膨大な資金を原子力に投入して引き返すことはできず、一九六一年、核エネルギーを断固進めると宣言しました。この時から、核エネルギーの開発は科学者から産業資本家の手に移っていきました。彼らは原子力を大きな産業にしようと大きな賭けに打って出ました。WHとGEは原子力潜水艦用に設計された最も単純な原子炉をひな型にして、とにかく大型の原子炉を作れば、低価格で電力を提供できるはずだと、電力会社に働きかけました。そして経費の一部を自己負担して原子力ビジネスは儲かるという時流を作ろうとしました。

一九六二年の末、アメリカ原子力委員会は、ケネディ大統領への報告書で、過去一〇年間の実用的原子力開発の努力の成果を報告しています。それによると連邦政府は一〇億ドル以上、民間企業は五億ドルも費やしていました。そして原子力委員会は「原子力発電は今や経済競争の段階に来ている。国家の電力のかなりの部分を消費する分野ではまもなく競争可能となろう」と結論を下していました。

一九六四年八月の第三回原子力平和利用会議では、アメリカだけでなくイギリス、フランス、カナダなどの先進工業国の代表者たちは、原子炉技術の進歩や一九五八年以来原発が建設された際の進歩について発表しました。イタリアや日本でも、アメリカ、イギリスの会社により建設された商業用の原子力発電所が運転中でした。この会議の議長は、この会議は原子力時代の始まりを示したと結論づけ、今世紀の終わりまでに世界のほとんどの地域で原発は指導的エネルギー源になるであろうと予言しました。

現在、世界で稼働中の原子炉は、第二、第三世代の原子炉と呼ばれるものですが、福島第一原発（一号機、四六万キロワット、着工一九六七年。二号機、七八・四万キロワット、着工一九六九年）のものは第二世代の初期型に当ります。第一世代の出力は前述しましたようにシッピングポートで六万キロワット、コールダーホールで五万キロワットでした。そこから、本格的な商業利用を目指して大型化が図られたのが、第二世代でした。

第三世代では、さらに大型化が図られ出力一一〇万キロワット以上がスタンダードになりました。日本の柏崎刈羽原発六、七号機など、世界各国で導入が進み、日本で建設・計画中の炉も、ほとんどがこの第三世代型でした。

メルトダウン対策はどうするか

しかし、(以下、『〝原子力は地球の未来〟は本当か?』BBC、一九九二年制作によりますと）原子力潜水艦を設計したアルビン・ワインバーグ（オークリッジ国立研究所所長在職：一九五五〜七三年）は「潜水艦の原子炉のように出力が六万キロワットと小型のものであれば、格納容器は絶対的でした（安全でした）が、しかし、六〇万キロワットとか一〇〇万キロワットとかという規模の原子炉となると安全性は保証できない」となりました。

そこで一九六四年、アメリカ原子力委員会は、原発事故が起きたらどうなるか調査を行いました。その結果は「大規模な事故は決して起こらないとは言い切れない。また、安全装置が故障しないと保証することはできないことが判明した。そして、事故が起きたら極めて重大な被害が生じる危険がある」というものでした。アルビン・ワインバーグは「あれを境に核の夢はこわれはじめた」と述べています。

一九六五年、アメリカ原子力委員会に勧告する立場にある科学者たちは、メーカー側に原子炉の安全性を高めるように求めました。ちょうど、ＷＨがニューヨーク、ＧＥがシカゴの近くに大型の原発を作る計画があった時でした。諮問委員会は原子力委員会委員長のグレン・シーボーグ（在職：一九六一〜七一年）に「万一、メルトダウンが起きても、放射性物質が漏れ出さないように原子炉の設計をあらためなければ建設に同意はできない」という書簡を送りました。これに対しシーボーグは、一般市民が誤解する恐れがあるから、その書簡を公表しないように要請しました。シーボーグはメーカー側と会合を持って話し合いましたが、「我々は原子力システム全体を変えるよう迫ることはしなかった。なぜなら、当時はそれが現実的なやり方とは思えなかったからである」と述べています。

ディヴィッド・オクレント（アメリカ原子炉安全諮問委員会委員長、一九六六年）はメーカー側に、この問題にどう対処するのか話し合いたいと申し込みました。これに対してメーカー側は「格納容器で生じうる問題を示した上で、メルトダウン対策を講じなければならないのなら、原子炉を販売したくない」と言いました。「メーカー側は脅したのですね」という質問に、ディヴィッド・オクレントは「一種の脅迫ですね」と答えています。

結局、原子力委員会は諮問委員会が求めた設計変更は命じないで、その代わり、メルトダウンを防ぐための非常用冷却装置の大幅な性能向上を命じました。こうしてメーカー側の思い通りになりました。つまり、アメリカ原子炉安全諮問委員会は、それほど大型にするなら、設計変更などをしてメルトダウン対策をしろと言ったのに対し、メーカー側はそれなら原発生産をやめると言ったので、不問に付したということです。

非常用冷却装置は取り付けられることになりましたが、それで十分であるかどうかわかりませんでした。これが原子力発電の決定的に重要な点です。システムとして、細々とした冷却装置が付いていますが、後でくっつけたもので、全体実験をしたかどうかもわかりません。

このような事情で原発は大型化し、一九六〇年代の終わりには一〇基単位で売れるようになり、本格的なビジネスになっていきました。原子炉は大きいほどランニングコストが安くなるというメーカー側の主張を電力会社は受け入れ、商談が次々とまとまっていく過程でさらに原子炉はドンドン巨大化していきました。

そのままになったメルトダウン対策

アメリカ原子力委員会は、メルトダウンを防ぐための非常用冷却装置の大幅な性能向上を命じましたが、その後もこのメルトダウン問題は尾を引きました。ロバート・ポラード（アメリカ原子力委員会原子炉技術者、在職：一九六九〜七六年）は、「法規によってポンプや弁など非常用冷却装置を設置することが義務づけられていましたが、こうした装置が実際にメルトダウンを防ぐことができるのか、我々にもわからなかった。仕組みがあまりにも複雑なため、炉心の内部で何が起こるのか予測することはできなかった。判断材料がなかった」と述べています（実機による実験が行われていないようです）。

そこで、一九七一年、非常用冷却装置のシミュレーションが小型の原子炉で行われました。非常用装置は作動しましたが、圧力によって水が原子炉の外に押し出されてしまい、炉心を水で満たすことはできませんでした（テレビの映像で見たことですが、この度の福島第一原発事故でも同じ現象が起きたようです。この辺のことは、本格的な専門家が入って厳密に調査しなければ、原発の安全性向上が図られません）。

それにもかかわらず、実際の原子炉は安全であると結論づけられました。連邦政府と原子力業界は、巨大な原子炉が危険だとは証明されなかった、ということは、安全性が証明されたともいえると解釈したのです（機械システムの開発の基本は最終的には実機によって使用状態と同じ条件で破壊実験まで行ってみることが鉄則です。実使用の原子炉の破壊は無理ですが。ということは安全性の確認は不可能ということになります。とにかく、事故をいいかげんにして幕引きすると必ず同じ事故が大きくしっぺ返しをするというのが歴史です）。

ロバート・ポラードは「もし、事故が起きた場合、システムが作動しないかもしれないという不安はあったものの、一応は安全対策は取られていたわけで、非常用安全装置を改善していけば、事故は起きないかもしれないと楽観していたのです。それに原発は安全だと一般市民に説明していた建前、我々は間違っていた、安全装置は役に立たないかもしれないと公表することはできませんでした。そんなことをしていたら我々は全員首を切られていたでしょう。自分たちが間違っていたと認めることはどうしてもできませんでした」と述べています。

石油危機で救われた原発産業

一九七三年に石油危機が発生すると、アメリカは当時、輸入原油の三〇％を中東に依存していたため、中東原油の一時的途絶やその後の大幅値上げを受け、石油に代わり、原発を推進する声が高まりました。ニクソン政権は、二〇〇〇年までに電力の五〇％を原発で供給するため、一〇〇〇基の原発建設を目標とすることを表明していました。その結果、新規の原発建設数は、一九七〇年に一六基、七一年に二一基、七二年に三八基、七三年に四一基となりました。

しかし、アメリカでも事故が続出し始め、原発批判は高まっていって、原発の新規建設は七三年の四一基をピークに減少し始め、七四年には二七基、七五年には五基、七六年には三基を記録するだけとなりました。

また、原子力委員会（ＡＥＣ）があまりにも原発関連の企業寄りだという批判が各地の住民から各州の選出議員などに集中した結果、一九七四年についに世論に押される形でアメリカ議会はＡＥＣの廃止を決定し、原子力の規制と推進はそれぞれ異なる機関に移されることになりました。ＡＥＣの担っていた原子力規制に関する役割は、新設されたアメリカ原子力規制委員会（ＮＲＣ）に、原子力推進に関する役割の方は、アメリカ・エネルギー研究開発管理局（のちにエネルギー省に吸収合併されました）の傘下に置かれました。

誤りだったラスムッセン報告

また、ニクソン政権は、マサチューセッツ工科大学の原子物理学者ノーマン・ラスムッセンを委員長とする調査委員会を一九七二年に発足させ、原子力委員会の協力のもとに原発の安全性について調査を進めさせました。七五年に発表されたその最終報告書は数千ページにもなる大部のものとなりましたが、原発一基が過酷事故を起こす確率は、一万七〇〇〇年に一回程度であり、仮に炉心溶融が起こったとしても格納容器によって放射性物質が環境に放出されるのを防ぐようになっているため、放射能漏れになるのは過酷事故の一〇回に一回程度と見積もられていました。つまり、一七万年に一回で、隕石が落下して死者が出るのと同じ程度の確率でしかないという結論でした。

しかし、その後、ラスムッセン報告には基本的な誤りがあることがわかりました。

例えば、二つの安全装置が同時に故障しなければ起きないタイプの事故の発生確率は、それぞれの装置が故障する確率の積で与えられるとしていました。A一%、B一%の確率であれば、ABが起きる確率は0.01×0.01＝0.0001となります。当然、プロセスを増やせば増やすほど失敗する確率はどんどん小さくなります。こうした計算法によると、大規模事故の確率は、原子炉一基当たり一〇億年に一回となり、ほとんど無視できることになるというのです（それぞれのイベントが完全に独立して起こる場合にはこれは正しいのです）。

しかし、原発のような大事故は、人間が犯すミスには一つのイベントで発生したことに混乱し、次々とミスを重ねる、つまり、「ドミノ倒し」のように一連の出来事の連鎖として起きるものであり、二つの出来事が重なる確率がそれぞれの発生確率の積になるような独立事象の集まりではありません。このような場合は発生確率の和になります。前述の例では、ＡＢが起きる確率は0.01＋0.01＝0.02と非常に高くなります。

このラスムッセン報告書に対しては、アメリカの物理学会やシエラ・クラブ（環境保護団体）などの確率論の専門家からは、しろうとだましの理論と否定されましたが、原発推進の立場からは原発の安全性を示すものとして広く語られるようになりました。

一九七七年、アメリカでは民主党のジミー・カーター政権が誕生し、一九七七年四月に核拡散防止を目的としてプルトニウムの利用を凍結する政策を発表しました。これによりアメリカでは高速増殖炉の開発と核燃料サイクルが中止されました。これ以降アメリカでは核燃料は再処理されず、基本的にワンススルー利用されるものとなりました。

また、一九七九年一月一九日にアメリカ原子力委員会（ＡＥＣ）の業務を引き継いだアメリカ原子力規制委員会（ＮＥＣ）は、このラスムッセン報告の支持撤回を発表しました。

そして、同年三月二八日スリーマイル島原子力発電所事故が起き、これが何より具体的で誰にも解りやすいラスムッセン報告への強力な反論となりました。

スリーマイル島原子力発電所のメルトダウン事故

一九七九年三月二八日、ペンシルベニア州スリーマイル島原子力発電所でメルトダウン事故が発生しました。この事故は、世界の原子力業界に大きな打撃を与えました。これは人為的な事故でしたが、原子炉内部で何が起きているかを示す表示がないまま次々と点灯するアラーム信号に動転した運転員が、コンピューターによって自動的に起動された安全装置のスイッチを手動で切ってしまい、事故の拡大を招いてしまいました。

原子炉は自動的にスクラムし（緊急時に制御棒を炉心に全部入れ、核反応を停止させる）、非常用炉心冷却装置（ＥＣＣＳ）が動作しましたが、すでに原子炉内の圧力が低下していて冷却水が沸騰しておりボイド（蒸気泡）が水位計に流入して水位を押し上げたため加圧器水位計が正しい水位を示しませんでした。このため運転員が冷却水過剰と勘違いし、非常用炉心冷却装置を手動で停止させてしまいました。

このあと一次系の給水ポンプも停止されてしまったため、結局二時間二〇分も開きっぱなしになっていた安全弁から五〇〇トンの冷却水が流出し、一六時間以上も炉心が冷却されず、炉心上部三分の二が蒸気中にむき出しとなり、崩壊熱によって燃料棒がメルトダウンしました。

スリーマイル島原発事故では、二日後、大量の放射性ガスが周辺に飛散し、二〇万人もの住民が避難を余儀なくされるという、アメリカの商業用原発史上最悪の事故に発展しました。運転員による給水回復措置が取られ、事故は終息しました。

結局、炉心溶融（メルトダウン）で、燃料の四五%、六二トンが原子炉圧力容器の底に溜まりました（当時、炉心溶融はないとされていましたが）。給水回復の急激な冷却によって、炉心溶融が予想より大きかったとされています。一九八九年の調査で圧力容器に亀裂が入っていることが判明し、異常事態がさらに長引いていたならば、チェルノブイリ原発事故と同様の規模になっていたと言われています。

これは、INESのレベル五の事例でした（チェルノブイリ原発、福島第一原発事故はレベル七）。周辺住民の被曝は〇・〇一～一ミリシーベルト（mSv）程度であり、住民や環境への影響はほとんどありませんでした（CTスキャン～六・九mSv／回。胃のX集団検診～〇・六mSv／回）。

この事故から三五年経った二〇一四年にようやく炉心の除染作業が開始されるようになりましたが、最終的に廃炉とするためにはまだ数十年が必要とされています。

機敏だったカーター政権とアメリカの「原発暗黒時代」

カーター大統領は、事故の四日後の四月一日に現地を視察した上で、事故原因の調査を行うため特別委員会を設置しました。その報告書では、原子炉設計上の明白な欠陥、監視体制の不備、運転員の訓練不足、その他の日常運転面での深刻な諸問題が存在していたことを指摘した上で、「組織、規則、慣行の各面において―そしてなかんずく―我々が調査した諸機関の中では最も典型的である原子力規制委員会（ＮＲＣ）と原子力産業の態度の面において、根本的な変革が必要であろう」と提言しました。

スリーマイル島原発で発生した深刻な事故はアメリカにおける原発熱を急速に冷めさせることになり、アメリカはこれによって、実質、以後三〇年以上も、新規原発は一基もありませんでした（安全基準が厳しくなり、それを満たそうとするとコスト的に合わなくなり、新設がなくなりました）。

このスリーマイル島原発事故は国際的にも大きな反響を呼び、核廃棄物貯蔵施設と再処理施設の建設が予定されていた北ドイツの小村に、ヨーロッパ中から一〇万人が集まり、反対を表明しました。また、一九七九年五月六日には首都ワシントンで原発と核兵器開発に反対する一〇万人ものデモンストレーションが展開され、秋にニューヨークで一週間にわたって反原発の行事が開催され、延べ三〇万人が参加しました。そうした結果、原発を支持する世論は、七七年七月では六九％でしたが、スリーマイル島原発事故後には四六％に低下しました。

その他、スウェーデンがスリーマイル島原発事故の結果、「脱原発」に転換するなど、ヨーロッパ諸国の原発政策にも大きな反響を与えたのに、世界でまったくこれに影響されなかった国がありました。それは日本でした（これについては、〈第二章　日本の原発開発の歴史　《三》第三期―「安全神話」の浸透と「原発増設時代」となった日本（一九八〇～九四年）〉で述べます）。

経済性を失いつつあるアメリカ原発産業

一九七九年のスリーマイル島原子力発電所事故以降、三〇年以上、アメリカでは原発新設は一基もありませんでした。運転中の原子力発電所の基数が一〇〇基（合計出力一億三二八万キロワット）あり、その規模は世界一で、原子力発電により発電電力量の約一九％を賄《まかな》っていました（二〇一六年に一基新設されましたが、それは含まれていません）。また、アメリカでは平均設備利用率が八六％（二〇一二年）と順調な運転を続けてきたことや、近年では電力の自由化により競争が激化したことや、シェールガスの産出により天然ガス価格が下落したことなどから、経済性がより厳しくなってきています。

共和党のブッシュ（息子）政権は強力に原発政策を推し進める方針で、二〇〇五年八月に成立した、原発の新規建設を支援するプログラムを含む「二〇〇五年エネルギー政策法」に基づいて、建設遅延に対する政府保険、発電税の減税、政府による債務保証制度を整備しました。これを受け、原発の新規建設に向けて、二〇〇七年から二〇一三年時点に至るまで一八件の建設・運転一体認可申請がアメリカ原子力規制委員会（ＮＲＣ）に提出されました。

しかし、アメリカ国内でシェールガス開発が進み天然ガス価格が下落していることから、原発の経済的競争力が低下しつつあり、経済性の観点から原発の閉鎖も発表されています。

このため運転の効率化が進められた既存の原子力発電所は大量の電力を経済的に生産できることから、電力会社にとって貴重な資産と評価されるようになっており、二〇一四年三月時点で七割程度の原発について、運転期間（認可）を六〇年とする延長が認められており、さらに一割程度の原発について延長の申請が提出されています。

しかし、近年の「シェールガス革命」の結果、天然ガス発電のコストが下がり（天然ガス発電所は原発の半分以下の期間と五分の一以下の建設費）、原発がコスト面での優位性を失いつつあるとされます。福島第一原発一号機を作ったGEのジェフリー・イメルト最高経営責任者（CEO）も、原発が他のエネルギーと比較して相対的にコスト高になっており、大半の国は天然ガスと風力か太陽光の組み合わせに移行していると指摘し、「原発を経済的に正当化するのが非常に難しい」と語っています。

さらに世論でも、日本の福島第一原発事故後、原発反対が賛成を上回るようになり、アメリカ人の約六割が以前に比べて原発を支持できなくなったと考えています。

《三》ソ連の原発開発の歴史

原爆開発から始まったソ連の原発開発

一九四五年七月、ポツダム会談のとき、トルーマン大統領はスターリンに超威力爆弾

（原爆）実験成功を示唆した際に、スターリンは素知らぬ様子をよそおっていましたが、ソ連ではスパイ網によって、マンハッタン計画をつかんでいて、すでに一九四二年から原爆開発に着手していました（マンハッタン計画始動から三ヶ月遅れにすぎませんでした。しかし、ソ連のこの分野での基礎研究レベルは米英に大きく差をつけられていました）。

一九四九年八月二九日にカザフスタン・セミパラチンスク市西方一七〇キロメートルの平原で、高さ三〇メートルの鉄塔上でプルトニウム爆薬型の原子爆弾実験が行われました。規模はTNT火薬一〇キロトン相当でした。これは一九四五年七月のアメリカ原爆実験と同じ段階でした（したがって、四年遅れでした）。開発にサハロフが大きく関わった水爆の実験は五三年八月に行われました（これは水爆ではなく、強化原爆であったという説もあります）。

原爆備蓄は、一九五〇年に九発、五一年に二五発を加え五一年末に三四発となりました。原発の輸送手段としてツポレフ四が製造され、乗員訓練が行われ、高空一万メートルの原爆投下が可能となりました。これでソ連は一方的なアメリカからの核の恐怖から解放されました。

原水爆の開発はスターリンの命令でベリヤが行っていましたが、スターリンは一九五三年三月に死亡し、ベリヤは同年六月に逮捕されました。ベリヤ逮捕と同日、ソ連原子力研究・生産体制は大きな変更を受け、中規模機械製作省が設置され、「核エネルギー、ロケット制御、航空機爆弾、遠距離ロケット分野など」はこの省の所管となりました。

中規模機械製作省は、特殊技術、知識を独占するソ連版「原子力ムラ」を形成する一方で、軍事、対外関係分野へも影響力を持つ一大国家機関となり、国家内国家「原子力帝国」といわれる存在となりました。施設とその周辺に特別パスポート制度を維持し、「閉鎖都市」の設置となりました。

『地球核汚染　ヒロシマからの警告』（NHK『原爆』プロジェクト、NHK出版、一九九四年刊）によりますと、核軍拡競争の時代、旧ソ連の工業地帯、中部ロシア、ウラル、シベリアの工業都市の近くに、地図にはない一〇の核秘密都市が建設されました。核兵器は総合的な工業製品であるため、それらは、工業都市に近く、シベリア鉄道などの幹線から曳《ひ》かれた支線の終着駅に建設されました。そして、町全体が鉄条網で囲われ、厳重に警備され、管理されました。それぞれの都市は、アルザマス一六（核兵器の設計、研究、解体）、チェリャビンスク七〇（核兵器の設計、研究、解体）、チェリャビンスク四〇（プルトニウム生産）……のように、それぞれ原爆開発・製造を分担していました。

ちなみに、アメリカでも同じようなマンハッタン計画の核秘密都市があり、仕事を分担していました（アメリカが先でした）。「サイトX」という暗号名のオークリッジ国立研究所や「サイトY」のロスアラモス国立研究所、そして、広大な敷地にプルトニウム生産炉や再処理工場など核兵器製造工場が点在するハンフォードは、「サイトW」とのことです。ハンフォードは、現在世界最大の環境（放射性廃棄物）汚染地域となっており、連邦政府が年間二〇億ドルの予算で浄化に取り組んでいます。数十年経っても予定の半分も進んでいません。このように、一旦、放射能で汚染された地域は簡単にはもとにもどりません。こうした核秘密都市周辺には、被曝による健康被害に気づかなかったり、訴えることができなかったりした住民が存在したこと、また、今なお苦しんでいる人たちが存在することを、忘れてはなりません。

いずれにしても、米英ソあるいはその後のフランス、中国等々も核開発及び原発開発は極秘で始めていましたので、全体がわかるもの、核技術の真の姿を把握する者がいなかったのではないでしょうか。つまり、真実をわからないようにしたことが、本当に人類に、この技術の真の姿がわからないようにしてしまったのではないかというような気がします（太平洋戦争の時、大本営がウソの数字ばかりを発表するものだから、その数字を信じた日本海軍はレイテ沖海戦で大失態をしました。騙し騙しをやるとやがて自分も信じ込んでしまうようになります。共産党時代のソ連ではしょっちゅうありました）。

このソ連の核秘密都市は、外国人の訪問はもちろん、住民の移動も制限されることとなりました。こうして政府に直属する原子力産業が形成され、ソ連各地の原発の建設、原潜、原子力砕氷船、ロケットの建造が進められることとなりました。この下で一九五四年、オブニンスクに出力は小さいが、人類初の発電用原子炉が稼働しました。

こうしてソ連の原発開発は進められましたが、政府からは建設作業を急いでやるように圧力が高まり、放射線の防護対策がおろそかにされるようになりました。そして一九五七年二月、原発建設の総責任者が放射性物質が漏れる事故で死亡しました。これはウラジーミル・メルキン（ソ連初の商業用原子炉の設計者）が、ソ連崩壊後に語ったことですが、「私たちは、コストを削減するように圧力を受けました。原子力を広く安く利用するためです。安全性のことはわかっていましたが、コスト削減を最優先にしなければなりませんでした」と語っています。

チェリャビンスクの核爆発事故（マヤーク事故）

一九五七年九月二九日夕刻、コンビナート八一七「マヤーク」で核爆発が起きました（その直後の一九五七年一〇月一〇日にイギリスのセラフィールド原発事故が起きています）。原爆開発を急ぐ中で建設され、プルトニウム生産の中心であったこの施設は、四九年以来、実験・生産過程で出る放射性廃棄物を近くのオビ川支流のテチャ川に放棄し、五一年の川の氾濫では広範な地域の核汚染を引き起こしました（マヤークの核関連事故は二〇〇〇年代までに一四回あったようです）。

オジョルスク市にある「マヤーク」は、原子爆弾用プルトニウムを生産するための原子炉五基及び再処理施設を持つプラントでした。一九五〇年代当初のソ連では、一般には放射能の危険性が認知されていない、もしくは影響が低く考えられていたため、放射性廃棄物の扱いはぞんざいであり、液体の廃棄物（廃液）は付近のテチャ川や湖に放流されていました。やがて付近の住民に健康被害が生じるようになると、液体の高レベルの放射性廃棄物に関しては濃縮してタンクに貯蔵する方法に改められました。

放射性廃棄物のタンクは、絶えず生じる崩壊熱により高温となるため、冷却装置を稼働させ安全性を保つ必要がありますが、一九五七年九月二九日、肝心の冷却装置が故障し、タンク内の温度は急上昇し、内部の調整器具の火花が、容積が三〇〇立方メートルのタンクにあった結晶化した硝酸塩と再利用の際出て来た残留物も一緒に爆発を起こし、大量の放射性物質が大気中に放出される事態となりました。

このチェリャビンスクの核事故は、原爆製造を至上課題とし、作り上げたソ連原子力産業の破綻でした。しかし、関係者には事故についての厳しい箝口令《かんこうれい》が敷かれ、除染作業に従事した者もその内容について一切語ることを制限されました。そして当時様々なソースで事故を把握していた英米政府も公表しませんでした。これはちょうど同じ時期にイギリス・セラフィールドで原発事故が起こったためといわれています（これも英米政府は秘密にしました）。

こうして人々の記憶からチェリャビンスク事故は抹殺されましたが、二〇年後にソ連から亡命した科学者ジョレス・メドヴェーデェフが、一九七六年一一月に英科学誌「ニュー・サイエンティスト」に掲載した論文で暴露し、大きな反響を呼ぶことになりました（彼はその後『ウラルの核事故』を出版しました）。この告発をソ連は真っ向から否定しました。原子力を推進する立場の人々からは、このような事故はありえず、これは単なる作り話であるとされていました。当初の噂では、核爆発に達する臨界事故が起きたとされていました。

この一九五七年の事故は、INESでレベル六であり、この事故は原発の歴史の中で三番目に重大な原子力事故だったことになります（チェルノブイリ事故、福島原発事故の七に次ぎます）。

安全性をないがしろにしたソ連

ソ連でも、当初いわれていたような壮大な原子力発電所構想は、一九五〇年代には実現していませんでした。そうした原発を低コストで建設することはできなかったからです。

一九六〇年代半ばに政権を握ったブレジネフは共産主義の成功には大規模な原子力プロジェクトが必要だと信じ、原子力計画を再開しました。その中心となったのは、著名な物理学者アナトリー・アレクサンドルフで、ソ連各地に原発を建てる計画を作りました。

ブレジネフ政権でアメリカと同じ一〇〇万キロワットの巨大な原子炉建設が決定され、最初の原子炉は一九七三年に完成し、その後、次々と完成しました。原発はコストを削減するために、猛スピードで建設されました。蒸気が高圧であるにもかかわらず、格納容器がないものもありました。また、放射性物質で汚染された水が池に流されていました。

ユーリー・コルヤキン（ソ連エネルギー研究所主任研究員）は、「我々は、原発の安全性について、いろいろ努力したが、うまくいかなかったので、同僚とともに新聞に記事を寄稿して告発し、原子力計画を推進していたアレクサンドルフに異議を申し立てました。原子炉設計における安全性の欠如と核廃棄物の問題でした。アレクサンドルフは記者会見で、この記事はウソのかたまりと言って終わりにしましたが、一般市民はその告発が正しいことを知っていました」と語っています。

チェルノブイリ原子力発電所事故の発生

こうしたなか、一九八六年四月末には事実上人類史上最悪の原子力事故であるチェルノブイリ原子力発電所事故が発生しました。ソ連は、それまで事故についての情報を公開したことはありませんでしたが、ゴルバチョフ首相は抵抗を排して直ちに情報公開を進めました。この事故でもソ連社会の官僚化、硬直化はどうにもならないところまで進んでいたことがわかります（もっとも、二〇一一年三月一一日の福島第一原発事故の状況がだんだんわかってきたら、ソ連社会だけが官僚化・硬直化していたのではないこともわかってきました。日本の原子力行政も官僚化のかたまりになっていました）。

アメリカのスリーマイル、ソ連のチェリャビンスクやチェルノブイリ、イギリスのウィンズケール（セラフィールド）原子炉火災事故、そして日本の福島、共通して言えることは、官僚の秘密主義です。秘密というか、原子力技術の本質がわからないまま、強制されて実用化したので、もともと無理（というか「わからない」でした）があるようです。

チェルノブイリ原発は、キエフの北一一〇キロメートルのプリピャチ市（当時、原発関係者が住む機密都市）に立地していて、チェルノブイリ市の北西一八キロメートル、ウクライナとベラルーシの国境から一六キロメートルにあります。

発電所の建設は一九七〇年代に始まり、一九七七年に一号炉が竣工し、翌一九七八年に二号炉、一九八一年に三号炉、そして一九八三年に四号炉が竣工しました（完成後、三年しか経っていませんでした）。原子炉の炉型は、黒鉛減速沸騰軽水圧力管型原子炉の、RBMK－一〇〇〇型（ソ連型）でした。四つの炉は、それぞれ電気出力一〇〇万キロワットを発電でき、合計で当時のソ連の原子力発電量の一五％、ハンガリーへのエネルギー輸出の八〇％を占めていました。四号炉は、ウクライナの電力のおよそ一〇％を生産していました。さらに、五号炉と六号炉の二つの原子炉が、その事故の時に建設中で、四号炉の事故が起こらなければ、世界最大規模になる予定でした。

さて、チェルノブイリ原発事故は、一九八六年四月二六日一時二三分（モスクワ時間）に、この発電所の四号炉で起きました。事故当時、爆発した四号炉は操業休止中であり、原子炉が止まった際に備えた実験を行っていました（つまり、事故などで原子炉が止まった時に、どうするかの実験をやっていたら実際に事故になってしまったのです）。

その後の調査から事故当日を再現すると以下のようになります。事故発生時、四号炉では動作試験が行われていました。これは、原子炉停止によって電源が停止してから非常用電源に切り替えるまでの短い時間の間、システムが動作不能にならないように、原子炉内の蒸気タービンの余力で最小限の発電を行うというものでした。

動作試験は、原子炉熱出力を定格熱出力の二〇％～三〇％程度に下げて行う予定でしたが、炉心内部のキセノンオーバーライドによって、熱出力が定格の一％にまで下がってしまいました。このキセノンオーバーライドとは、原子炉においてキセノン一三五の蓄積により出力低下を招く現象です。キセノン一三五は、原子炉での核分裂反応によって生成される気体性放射性物質の一種で、中性子の吸収効果があるため、これが炉心に蓄積すると核分裂の進行が抑えられ、原子炉の熱出力が低下するのです。

運転員は熱出力を回復するために、炉心内の制御棒を引き抜く操作を行いました。これにより、熱出力は七％前後まで回復しましたが、反応度操作余裕（炉心の制御棒の数）が著しく少ない不安定な運転状態となりました。この不安定な運転により実験に支障が出ることを危惧した運転員らは、非常用炉心冷却装置を含む重要な安全装置を全て解除し（これが重大な問題）、実験を開始しました。実験開始直後、原子炉の熱出力が急激に上昇し始めたため、運転員は直ちに緊急停止操作（制御棒の挿入）を行いましたが、この原子炉は、特性上制御棒を挿入する際に一時的に出力が上がる設計だったため、原子炉内の蒸気圧が上昇し、緊急停止ボタンを押した六秒後に爆発しました。緊急停止ボタンを押したために原子炉が暴走したとする説もあります。

この爆発事故は、①運転員への教育が不十分だったこと、②特殊な運転を行ったために事態を予測できなかったこと、③低出力では不安定な炉で低出力運転を続けたこと、④実験が予定通りに行われなかったにもかかわらず強行したこと、⑤実験のために安全装置をバイパスしたことなど、多くの複合的な要素が原因として挙げられています。

後の事故検証では、これらのいずれかが一つでも守られていれば、爆発事故、あるいは事故の波及を最小限に抑えることができた可能性が極めて高いとされています（全体としていえることは、人間はミスを犯すものであり、事故を一つでも犯したら安全サイドに、自動的に返る、つまり、振り出しに戻る、人間がどうしようと、自動的に安全サイドで中止されてしまうような発想で設計されていなかったようです。システム設計ではそうするのが原則です）。

ここで前述の原発事故の確率論のウソを説明しますと（まさにアメリカのラスムッセン報告で述べたことですが）、起きる原因として、たとえば①、②、③、④、⑤が考えられ、それぞれが起きる確率が0.1であるとすれば、①～⑤が起きて大事故になる確率は、0.1×0.1×0.1×0.1×0.1＝0.00001となる。ところが、実際には、この男は（グループだったかもしれませんが）怠慢でいいかげんで、いろいろ前記のように①～⑤までみんなやりました。つまり、実際の原因は独立に起きるのではなく、関連して起きる場合が多いのです。その時の確率は0.1＋0.1＋0.1＋0.1＋0.1＝0.5で極めて高い確率になります。

福島第一原発事故も、①東日本大震災が起きた、②地震動で鉄塔などが倒れ外部電源が断たれた、③津波がやってきた、④非常用電源が地下（地上か二階にあればよかった）にあったので浸水してダメになった、⑤非常用電源装置が……と関連して起きており、結局、高い確率になってしまいました。これを防ぐためには、それぞれの原因ごとに安全サイドに戻ることしかありません。しかし、原発はそれができないのではないかということです。

原子炉が暴走すれば止めようがありません。通常の機械システムのようには止まらないのです。

まだ、チェルノブイリ原発事故の途中でしたので続けます。一時二三分四七秒までに、原子炉出力は標準的な運転出力の一〇倍であるおよそ三〇〇〇万キロワットまで跳ね上がりました。燃料棒は融け始め、蒸気圧力は急速に増大して蒸気爆発を起こし、原子炉の蓋を変形させ破壊し、冷却材配管を破裂させ、ついに屋根に穴を空けました。推測では爆発は二度あり、二度目の爆発によりおよそ一〇〇〇トンあった蓋を破壊したとされています。

ソ連の事故報告書によれば、この二度目の爆発は、燃料棒被覆や原子炉の構造材に使用されていたジルカロイと水が高温で反応したことによって発生した水素による水素爆発でした（福島第一原発事故も同じでした。日本ではチェルノブイリも勉強していなかったと見えて、水素爆発が起きることを知りませんでした。当時、菅直人首相が聞いたときに当時の原子力委員長は水素爆発は起きないと答えたと言われています。日本では世界一の原発事故すら知らないものでも原発のお目付け役の原子力委員長になれる社会です。要するに官僚行政のお目付け役ではなく、お墨付き役しかしていなかったのです。日本の中央官庁の審議会、委員会などでよくあるパターンです）。一方、冷却水を完全に喪失したことによって即発臨界に至り、一種の核爆発が起こったとする説もあります。

経費を減らすためとその大きさのために、原子炉は部分的な封じ込めだけで建設されていました。このため、蒸気爆発が一次圧力容器を破裂させたあと、放射性の汚染物質が大気中に漏れることになりました。その屋根の一部が吹き飛んだあと、急速に流れ込んだ酸素と原子炉燃料の非常に高い温度が合わさって、黒鉛減速材が黒鉛火災を起こしました。この火災は、放射性物質の拡散と周辺地域の汚染の大きな一因になりました。

事故を調査するために政府委員会が招集され、副首相が四月二六日夜チェルノブイリに到着しました。四月二六日の夜（その爆発の二四時間以上後）に、非常に高いレベルの放射能と多人数の者が放射線被曝していることに直面した委員会は原子炉の破損を認めなければならなくなり、プリピャチ（ウクライナ）の近くの都市からの退避を命令しました。

大惨事の拡大を止めるために、ソ連政府は、陸軍兵士とその他の労働者で構成された多くの「解体作業者」が清掃スタッフとして送り込まれましたが、大部分がその危険について何も知らされておらず、効果的な保護具も使用していませんでした。

放射性の残骸のうち最悪のものは原子炉の残骸でした。原子炉それ自体はヘリコプターから投下された砂嚢《さのう》（事故の翌週間におよそ五〇〇〇トン）で覆われていました。大きい鉄の石棺が原子炉とその中身を封じ込めるために早急に建てられました。

二〇三人が即座に入院し、内三一人が死亡、二八人が急性放射線障害となりました。彼らは事故を収束させるべく集まった消防と救急の労働者でしたが、煙等からの放射線被曝がどれくらい危険であるかには気づいてはいませんでした。

当初、ソ連政府は住民のパニックや機密漏洩を恐れ、この事故を公表しませんでした。また、付近住民の避難措置等も取られなかったため、彼らは甚大な量の放射線をまともに浴びることになりました。

しかし、翌四月二七日にチェルノブイリ原発からおよそ一一〇〇キロメートルにあるスウェーデンのフォルスマルク原発にて、この事故が原因の放射性物質が検出され、二八日、ソ連も事故の公表に踏み切らざるを得なくなりました。日本でも、五月三日に雨水中から放射性物質が確認されました。

その後も爆発後の火災は続き、消火活動が続きました。アメリカの軍事衛星からも、赤く燃える原子炉中心部の様子が観察されました。ソ連当局は応急措置として、①減速材として炉心内へ鉛の大量投入、②液体窒素を投入して周囲から冷却、炉心温度を低下させることを実行しました。この策が功を奏したのか、一時制御不能に陥っていた炉心内の核燃料の活動も次第に落ち着き、五月六日までに大規模な放射性物質の漏出は終わったとの見解をソ連政府は発表しました。

この事故で、原子炉内の放射性物質が大気中に大量に（推定一〇トン前後）放出され、放射性降下物がウクライナ、ベラルーシ、ロシアなどを汚染しました。その量は広島に投下された原子爆弾（リトルボーイ）による放出量の五〇〇倍とも言われています。事故後のソ連政府の対応の遅れなどが重なり被害が甚大化・広範化し、後に決められたＩＮＥＳの最悪のレベル七（深刻な事故）とされました。

事故から最初の一年で、この区域のクリーンアップ労働者は約二一万一〇〇〇人と推定されています。これら労働者は推定平均線量一六五ミリシーベルトを受けました。三〇万から六〇万人が炉から三〇キロメートルの退避区域のクリーンアップに従事しましたが、その多くは事故から二年後にその区域に入っています。世界保健機関（ＷＨＯ）は約八〇万人としています。

事故による高濃度の放射性物質で汚染されたチェルノブイリ周辺は、居住が不可能になり、移住を余儀なくされました。避難は四月二七日から五月六日にかけて行われ、ソ連の発表によれば、事故発生から一ヶ月後までに原発から三〇キロメートル以内に居住する約一一万六〇〇〇人全てが移住したと言われています。しかし、生まれた地を離れるのを望まなかった老人などの一部の住民は、移住せずに生活を続けました。

　現在は、この事故原発の処理義務は分離独立したウクライナにあります。現在もなお、原発から半径三〇キロメートル以内の地域での居住が禁止されるとともに、原発から北東へ向かって約三五〇キロメートルの範囲内にはホットスポットと呼ばれる局地的な高濃度汚染地域が約一〇〇ヶ所にわたって点在し、ホットスポット内においては農業や畜産業が全面的に禁止されています。

　チェルノブイリ事故による汚染は周辺の地方全体に均等に広がったわけではなく、天候に依存して不規則に散らばりました。ソ連及び西側の科学者からの報告書は、ベラルーシが旧ソ連全体に降りかかった汚染の約六〇％を受けたと述べています。しかし、北西ウクライナの一部でもあった、ブリャンスクの南にあるロシア連邦の広い地域も汚染されています。

　この事故による死者数ですが、ソ連政府の発表による死者数は、運転員・消防士合わせて三三人ですが、その後、事故の処理に当たった予備兵・軍人、トンネルの掘削を行った炭鉱労働者に多数の死者が確認されています。長期的な死者数は数百人とも数十万人とも言われますが、事故の放射線被曝とガンや白血病との因果関係を直接的に証明する手段はなく、科学的根拠のある数字としては議論の余地があり、現在のところ不明です。事故後、この地で小児甲状腺癌などの放射線由来と考えられる病気が急増しているという調査結果があります。

日本では、この事故をきっかけに原子力発電そのものに対する一般市民の不安が急増しました。このため、政府は、日本の原子炉はアメリカ型で、事故を起こしたソ連型とは構造が異なり、同様の事故は起きないという説明を行いました（今度の福島第一原発事故でわかったことですが、日本政府も電力業界もチェルノブイリ原発事故後、何らの安全対策も取っていませんでした）。

再び原発建設に積極的なロシア

一九九一年にソ連からロシアに変わり、ロシアでは一九八六年のチェルノブイリ原子力発電所（現在のウクライナに所在）事故以降、新規建設が途絶えていましたが、その後、積極的に推進するようになり、二〇〇一年に新たな原子力発電所が運転を開始し、二〇一三年一月現在二九基を運転中であるとともに、一一基を建設中であり、更なる新設計画も立てられています。

ロシア政府は、二〇〇七年に連邦原子力庁「ロスアトム」を国営公社ロスアトム社へ再編し、同社がロシアの原子力の平和利用と軍事利用及び安全保障を一体的に運営することになりました。その結果、ウラン探鉱・採掘、燃料加工、発電、国内外での原子炉建設等民生原子力利用に関して国が経営権を完全に握っていたアトムエネルゴプロムも、ロスアトム社の傘下に入ることとなりました。

また、二〇〇六年一月、プーチン大統領は、核燃料サイクルサービスを提供する「国際核燃料センター」設立構想を発表しましたが、これはウラン濃縮及び再処理に関する機微技術及び施設を自前で保有することを断念した国に対し、国際センターがＩＡＥＡの管理下で、無差別かつ合理的な商業条件で、濃縮及び再処理のサービスを提供するものです。二〇一〇年三月、ＩＡＥＡとの間で、この国際核燃料センター計画が正式に承認されました。

二〇〇九年一一月に政府により承認された「二〇三〇年までを対象期間とする長期エネルギー戦略（二〇三〇年戦略）」では、原子力が総発電量に占めるシェアが二〇〇八年の一六％弱から二〇三〇年には二〇％近くにまで引き上げられ、発電量は二・二〜二・七倍に増大することが想定されています。

福島第一原発事故後の二〇一一年三月、ロスアトム社キリエンコ総裁及びエネルギー大臣シュマトコは、福島第一原発事故の如何に関わらず、原発開発をスローダウンする意向はないと表明しました。

一方、世論は脱原発に傾きつつあります。日本の福島第一原発事故後に全ロシア世論研究センターの社会学者が実施した世論調査によりますと、脱原発への動きを支持するロシア人の割合は五七％に上る一方、反対と答えたのはわずか二〇％でした。脱原発支持の主な理由としては、「生命の安全と環境改善」（六八％）、「代替エネルギーがより安全で経済的」（二四％）などとなっています。

《四》イギリスの原発開発の歴史

マンハッタン計画に参加したイギリス

第二次世界大戦終了時、イギリス政府はマンハッタン計画に協力したのでアメリカが原爆技術を共有させてくれると信じていました。それらの技術は、イギリスも一緒に開発を行ったものであると考えていたからです。しかし、一九四六年八月のトルーマン政権によるマクマホン法（原子力エネルギー法）の通過は、イギリスがもはやアメリカの原子力研究にアクセスすることを許さないことを明確にしていました。

チャーチルに代わった労働党のアトリー首相は世界的な外交関係の中で、イギリスの地位を維持するためにはイギリスは原爆が必要であると結論づけました。そのため、マンハッタン計画に参加していたウィリアム・ジョージ・ペニー博士をイギリスに戻し、イギリスの原爆開発を指揮させることにしました。ペニー博士は衝撃波のエキスパートで、一九四四年六月、マンハッタン計画にイギリスの代表者の一人として参加し、アメリカのロスアラモスで計画の方向づけにおいてキーを握る科学者の中心グループに加わっていました。

核兵器開発のため、一九四六年には原子力研究所が設立され、四七年にはイングランド西部のカンブリア州の海岸地域に原爆のためのプルトニウム生産用原子炉（ウランをプルトニウムに変えるための炉）を建設しました。そのサイトは「ウィンズケール」と呼ばれることになりました（一九八一年に「セラフィールド」と改称されました）。

イギリスの計画は「高性能爆薬研究」のコードネームで一九四七年五月、ペニー博士が計画を率いるように任命されました。一九五〇年四月、バークシャーの放棄された第二次世界大戦中の飛行場がイギリスの核兵器開発計画の本拠地となり、核兵器研究所となりました。

一九五二年一〇月三日、「ハリケーン作戦」のコードネームのもと、最初のイギリスの原爆がオーストラリアの西海岸のモンテベロ島で爆発に成功しました。この核兵器はほとんど長崎に落とされた核爆弾ファットマンのコピーでした。一九五四年四月、ビッカース・ヴァリアント爆撃機を装備した第一三八飛行小隊がウィタリング基地に編成され、原爆が実戦配備されました（五八発生産されました）。

また、水爆の開発も行われ、一九五七年五月一五日、太平洋のクリスマス島で水爆実験が行われ、成功しました。ここに米ソに次いで、イギリスも核保有国となりました。この原水爆開発から、派生して原発開発が行われるようになったのは、米ソと同じでした。

世界最初の商業用原子炉の開発

一九五三年一〇月、原爆実験に成功し、核兵器がある程度形を取ってきたところで、原発開発が本格的に追求されることになり、セラフィールドの軍事用原子炉に隣接する所で、そのための原子炉建設が開始されました。これは、世界最初の商業用原子炉（定格出力六万キロワット）として、一九五六年一〇月に完成しました。

マグノックス炉（マグノックスという合金を使っていました）と呼ばれたこの型の原子炉は、軍事用プルトニウム生産炉の延長上にあり、減速材に黒鉛が、冷却材に炭酸ガスが用いられました。この土地を流れる川の名前（コールダー川）から「コールダーホール型」とも言われました。これは商業用原子炉でしたが、軍事用の役割も持つ、いわゆる二重目的炉でした。原発の使用済み核燃料が再処理工場に運ばれ、原爆用のプルトニウムが分離・抽出されました。

イギリスではこの型の原子炉が、一九五〇年代に七基、六〇年代に一七基、七一年に二基、建設されていきました。イギリスにおける当時の原子炉建設のペースは目覚ましいものがあり、一九七二年まで、イギリスは原発による発電量では世界のトップを走ることになりました。

これらの原子炉が現在（二〇一三年）までに一基（二〇一四年まで稼働予定）を残してすべて稼働をやめて、二〇〇七年には四つの冷却塔が爆破解体されました。

一九五四年春、日本においては、改進党議員中曽根康弘によって提案された二億円強の原子炉築造費が修正予算として国会で認められ、日本でも原子力発電を目指そうとする動きが強まり、結局、イギリスのコールダーホール型原子炉に決まりましたが、その経緯は日本の原発開発で述べています。

セラフィールドの原子炉火災事故

世界最初の商業用原子炉が完成して一年もしない一九五七年一〇月一〇日にセラフィールド原子炉火災事故が起きました。ＩＮＥＳのレベル五（事業所外へのリスクを伴う事故）という大事故でしたが、その内容は秘密にされ、日本ではほとんど知られていませんでした（その二週間前にはソ連の核事故が起きていることは述べましたが、これも秘密にされました）。それが起こった一九五七年には、日本がイギリスからの原子炉導入に動き出していた時でしたが、その実態が詳細にわかっていたら日本の原発開発も変わっていたかもしれません。

このセラフィールド原子炉火災事故は、軍事用プルトニウムを生産するウィンズケール原子力工場（現セラフィールド核燃料再処理工場）の原子炉二基の炉心で黒鉛（炭素製）減速材の過熱により火災が発生、一六時間燃え続け、多量の放射性物質が外部に放出され、イングランド北西部に高濃度の放射性物質が拡散されてしまいました。この事故の結果、セラフィールドのプルトニウム生産炉は永久閉鎖されることになりました。

周辺の牧草地が汚染され、付近からの牛乳が一〇月から一一月にかけて出荷停止になるなど、大事故でしたが、最も大きな被害を被ることになった周辺住民に十分な情報は伝えられなかったばかりか、影響は小さいとされました。

事故直後のイギリス原子力公社のスポークスマンは「爆発はありませんでしたし、普通の意味で言う火災も起こりませんでした。大量の放射能が放出されたわけでもありません。放出された放射能は危険なほどの量ではなく、風によって海に運ばれていってしまいました」と述べていました。

避難命令が出なかったため、地元住民は一生許容線量の一〇倍の放射線を受け、数十人がその後、白血病で死亡しました。現在のところ、白血病発生率は全国平均の三倍です。当時の労働党のマクミラン政権が極秘にしていましたが、三〇年後に公開されました。現在でもセラフィールドは危険な状態にあり、原子炉二基のうち一基は煙突の解体が遅れている状態にあります。

一九五七年のこの事故は、イギリスの原子炉事故として最大のものでしたが、その他にも例えば、七三年にセラフィールドの古い再処理工場での再処理試験中にガスが逆流し、建物が汚染されるといった事故が起こるなど、いくつもの事故が起きていました。また、セラフィールドの核燃料再処理工場からは、再処理に伴って出る放射性物質を含む廃液が海に流されるという事態も生じていました。近年になっても二〇〇五年に、レベル三（重大な異常事象）とされる事故が起こっています。

第二世代原子炉もガス冷却炉

その後、イギリスの原子力発電は、次の段階に入り、一九六四年には「第二原子力プログラム」という白書が出され、次世代の原子炉として、マグノックス型の改良炉、すなわちガス冷却型の原子炉を採用するか、それともアメリカ型の軽水炉（減速材に軽水、すなわち普通の水を使用）を採用するかの選択肢が提起されました。結局、原発開発にかけたイギリスの威信という要因が強く働いて、第二段階でもガス冷却炉が採用されました。

一九七〇年代、八〇年代に一四基のガス冷却炉が稼働を開始しました。この第二世代原子炉は、二〇一四年から二〇二二年の間に稼働をやめることになっています。

さらに次の段階に移ったのは一九七八年であり、性能が疑問視されてきたイギリス型への固執をやめ、軽水炉を建設する方針が採択されました。その結果、一九九五年に一基の軽水炉が稼働を始めました。この原子炉は、二〇三五年まで稼働する予定です。

一九八六年のチェルノブイリ原発事故による衝撃は大きく、初の軽水炉が一九八七年から建設されたものの、それ以降原発の建設は続かず、一九九〇年代半ばには原発建設計画が放棄される方向に向かいました。

第三世代はウィンブルドンスタイル（場貸スタイル）

しかし、その姿勢は、労働党のブレアが政権を握っていた二〇〇六年に再び変化しました。化石燃料への依存を減らすという地球温暖化対策の理由と、エネルギー安全保障上の理由から、イギリスは新たな原発を建設する方向に舵を切りました。

二〇〇八年一月には、原発新規建設に向けた体制整備やスケジュール等を盛り込んだ「原子力白書」を発表しました。現在イギリスで稼働中の原発は一六基となっており、うち一基を除いて二〇二三年までに廃炉となる予定です。今後も原発を継続する方針で、新たな原発予定地八ヶ所が選ばれ、さらに原子炉の型が検討されている時点で、福島第一原発事故が起きました。

しかし、原発建設方針を撤回したドイツなどと対照的に、イギリスはフランス同様、原発建設を推進していく姿勢を変えませんでした（核兵器を保有している国は核兵器との共用部分があるのでやめられない事情もあるようです）。

ところが、一九九〇年に世界に先駆けて電力市場を自由化したイギリスでは長年原発の新設がなく、自力で原発を建設する技術力・サプライチェーンは国内からほぼ喪失してしまいました。このため原子力発電所の新設に当たってはフランスや中国、そして日本から資本とともに技術も輸入せざるを得ない状況になりました。

そこでイギリスでは、二〇一五年から固定価格買取制度（ＦＩＴ）とは別に、差金決済取引（ＣＦＤｓ）も導入されることになりました。ＦＩＴでは予め政府により電源種別ごとに買取価格が長期間固定で設定されるのに対し、ＣＦＤｓは発電事業者と電力の買い手となる政府系企業との間で契約により長期間の固定価格（ストライク・プライスと呼ばれます）を設定する制度です。

イギリスのエネルギー・気候変動省が、二〇一五年に第一回の公募結果を、二〇一七年に第二回の公募結果を発表しました。対象となる電源種別は、洋上風力、潮力、廃棄物火力、嫌気消化（嫌気性細菌による有機物分解）、バイオマス混焼、地熱の他、原子力やＣＣＳ

（二酸化炭素回収・貯留）付火力にも認められています。今回小型発電所を対象としたFITは終了させる考えですが、大型発電所を対象としたCFDsは残ります。

つまり、CFDsは政府が設立するLLC（有限責任会社）がどの事業者とも交渉できるため、一種の競争入札ともいえます。この点でFITよりも市場競争を取り入れた価格設定方式ということになります。

しかし、CFDsにおける合意基準価格には事業の利益やリスクプレミアムが含まれているため、発電コストより高めに設定されます。例えば、ヒンクリーポイントC原子力発電所（欧州加圧水型原子炉＝EPR、出力一六五万キロワット×二基）については、九二・五ポンド（約十五万八〇〇〇円）／メガワット時（＝一五・八円／キロワット時）という価格で決定し、洋上風力発電等とのコスト比較において国民の反発を招きました。加えて、この制度では投資してから回収までの時間的空白に事業者が耐えなければならないことに変わりはありません。

日本企業も参加しているイギリスの電力の差金決済取引（CFDs）

二〇一二年一〇月（福島第一原発事故のあとです）、日立製作所は、イギリス政府の原発建設候補地八ヶ所のうち、二ヶ所を所有する原子力発電事業会社ホライズン・ニュークリア・パワーの買収を発表しました。それを受けて二〇一三年一月には、原子炉建設に当たる日立GEニュークリア・エナジー（日立とGEの合弁会社）への建設認可に向けた評価手続き開始の指示が、ヘイズ英エネルギー相によって出されました。

その後、日立製作所は二〇一八年六月以来、傘下のホライズン・ニュークリア・パワーによる原発建設について、イギリス政府と出資支援を協議していました。日立製作所は二〇一九年一月、ウェールズ北部アングルシー島で計画してきた総額二〇〇億ポンド（約二兆八〇〇〇億円）の原発建設を凍結し、事業を中断すると発表しました。新炉二基の発電量は計二九〇万キロワット、耐用年数は六〇年の予定でした。建設費用の高騰が理由でした。日立は、二〇一九年三月期に三〇〇〇億円の損失を計上する方針で、「民間企業としての経済合理性の観点から判断した」と説明しました。

また、二〇一八年年一一月には、東芝がイギリス西部カンブリアのムーアサイド原発計画から撤退し、子会社のニュージェネレーションを解散すると発表しました。

もともと、ムーアサイド地点は二〇〇九年四月にイギリス政府が選定した一一の原発立地候補地の一つでした。イギリス政府が西カンブリアを候補地に選んだのは、セラフィールド再処理工場が間もなく営業運転を終了する中で、地域の強力な原子力推進ロビーの懸念をなだめるためのものにすぎないと見られていました。そして作られた合弁会社がニュージェネレーションでそれにアメリカのウェスティングハウス社（東芝も一〇％出資しました）が乗りました。

そのようなことで、ムーアサイド原発計画は、ニュージェネレーションが計画したもので、セラフィールド近郊にAP一〇〇〇原子炉三基（一五〇億ポンドの原発新設計画）の建設というものでした。二〇一七年四月、東芝はこのムーアサイド原発計画を計画したエンジーより、保有するニュージェネレーションの株式すべてを売却する旨を通知され、二〇一七年七月には東芝グループが全株式を保有していました。

こうして、東芝ウェスティングハウス傘下のニュージェネレーションによる計画では、二〇一八年までに開発を合意し、必要な許認可や事業開始認可を取得、新設された原子炉により三四〇万キロワットを二〇二四年から送電する予定でした。しかし、今回、東芝経営陣は「ニュージェネレーション社維持費用の継続負担等を勘案し、経済合理性の観点から、今般、当社は、当社グループによるイギリスでの原子力発電所新規建設事業からの撤退を決定し、ニュージェネレーション社を解散することを決議しました」と発表しました。

二〇一七年にウェスティングハウスが破綻し、もともとの出資者が逃げ出し、引き受け先を探しましたが、韓国、カナダの会社との交渉もうまくいかず、結局、東芝が〝ババを引いた〟ようです。

また、イギリス・サマセット州ヒンクリーポイント原発における新規の原発の建設と運営については、原発の運営を受託する主体はフランス電力公社（ＥＤＦ）であり、そのプロジェクトの中に中国企業が参加するという形を取っています。

今回、認可されたプロジェクトは、総工費は一六〇億ポンド（約二兆五〇〇〇億円）が見込まれており、仏アレバ社の加圧水型原子炉二基を設置し、稼働は二〇二三年の予定です。フランスはヒンクリーポイント原発の建設・運営を、原子力技術を世界に輸出するためのショーケースとして期待していると言われていました。

この原発については、イギリスとフランス電力公社（ＥＤＦ）の間で二〇一三年に大筋合意したものの、資金面で難航していましたが、ヨーロッパへの足がかりを得たい中国は、二年前に中国広核集団（ＣＧＮ）を通じ計画への関与を表明し、総コストの三分の一を出資すると決めていました。このプロジェクトを積極的に進めた前政権のキャメロン首相は、両国の「黄金時代」を固めるために習主席を国賓として迎えました。

その後、建設を開始しましたが、ＥＤＦエナジー社は二〇一九年九月、総工費が二〇一七年七月時点の予測額の一九六億ポンド（約二兆六〇〇〇億円）から、さらに一九億～二九億ポンド上昇し、二一五億～二二五億ポンド（約二兆八六〇〇億円～二兆九九四〇億円）になるとの最新見通しを明らかにしました。

プロジェクトの利益率も、当初予定の約九％が二〇一七年時点で約八・五％に低下したのに続き、今回の見通しでは七・六％～七・八％に縮小すると予測しています。それでも同社は、同建設計画では差金決済取引（ＣＦＤｓ）が採用されるため、「国内の顧客や国民には何の影響もない」と強調しています。ＣＦＤｓでは、新規発電所の発電電力を政府がストライク・プライスで買い取りますが、市場の卸売価格がこれを下回った場合は政府がＥＤＦエナジー社に差額を支払い、逆の場合はＥＤＦ側が差額を支払うというものです。

このように、第二次世界大戦後、イギリスは米ソに先んじて商業用原発では一番乗りをし、その後もフランスや日本と同様、積極的に原子力開発を行い、核燃料サイクルの実現も目指していた時期もありましたが、最近は、原発の開発はもちろん、発電所の運営についても、純粋に電力需要を賄うためのものと位置づけており、建設費用すら自前で出費するつもりはないようです。

今回のプロジェクトもフランスを中心とした海外企業に建設費のすべてを負担させる代わりに、発電した電気を一〇〇〇キロワット時当たり九二・五ポンドで買い取ることを保証しています。これは通常の電力仕入れの二倍といわれており、確実に利益が上がることを政府が保証する代わりに、利益以外の事業リスクをすべて事業者に転嫁するというものです。

イギリスは今でもれっきとした核保有国ですが、現在では核技術の蓄積という文脈で原発を捉えているわけではないということで、あくまで安定的なエネルギー供給とコストを勘案した結果が、原発運営の丸投げという選択であったようですが、はたして、安全保障（核戦略）、エネルギー自給、コスト（核廃棄物コストも含めて）、危険性の四ファクターから逃れられない原発でそのようなことができるのか、議論のあるところです。とくに原発の運営という国家の重要インフラに中国企業を参加させることの是非についての関心が高まっています。

ウィルファ・ネーウィズ計画（日立のプロジェクト）が中止されれば、イギリス国内で新設中の原発は南西部サマセットのヒンクリー・ポイントのみとなります。このように福島第一原発事故後の原発の高コスト化はイギリスのすべての原発プロジェクトに大きな影響を与えています。

《五》フランスの原発開発の歴史

フランスの核開発

フランスも核開発と原発開発が並行して行われましたが、イギリスとは異なった道を歩みました。

フランスは第二次世界大戦の勃発まではマリ・キュリーとピエール・キュリー夫妻の物理研究、アンリ・ベクレル博士らのウラン放射能の研究など、核物理研究で世界の先端を行く国でした。核兵器開発は当時、第二次世界大戦の勃発直後から進められていましたが、ナチス・ドイツのフランス侵攻によりフランス本土はドイツの占領下に置かれ、亡命した多数のフランス人科学者がイギリス、カナダの原子爆弾開発計画やアメリカのマンハッタン計画に参加しました。

戦後、計画は再始動し商業利用を念頭に基礎研究から再開しました。一九五四年の第一次インドシナ戦争や一九五六年のスエズ動乱で、自国の軍事力と外交力の致命的貧弱さに気づいた政治及び軍事指導者層は、他国頼みではなく自らの政府が自由に使える核兵器の重要性に注目しました。

一九五六年、西ドイツの再軍備とスエズ動乱の失敗を受けて、ギー・モレ首相は原爆実験と核融合研究の実施を決定しました。これにより同年一一月三〇日に原子力庁、国防省、財政経済省間で協定を結び、核兵器開発の推進、核センターの創設、アイソトープ分離工場の建設が決定されました。

一九五六年一二月五日、ポール・エリー参謀総長を長とする原子力軍事応用委員会が発足し、核兵器研究開発群が創設されました。同年中には、イスラエルとの間で原子力開発の秘密協定が結ばれ、イスラエル・ディモナに原子炉を建設することが合意されました（ディモナは、イスラエルの死海の西三五キロメートルの都市で、ネゲヴ砂漠の只中に位置します。原子爆弾製造の疑いがあるネゲヴ原子力研究センターが近くにあります）。

スプートニク・ショックで生じたミサイルギャップを埋めるため、アメリカのダレス国務長官は、一九五八年七月に第五共和政大統領に就任したばかりのドゴールと会談して、「ミサイル基地（ICBM基地）と核弾頭貯蔵庫をフランス国内に設置することを求め、引き換えに原子力潜水艦用原子炉と濃縮ウランを提供する」ことを申し入れました。しかし、核の使用命令者について交渉は難航し挫折しました。その後、一連のフランスによる核兵器開発計画が明らかになったために、一九五九年九月にアメリカは、フランス企業向けの商業利用目的の原子力技術とロケット研究及びフランス軍備計画への協力を禁止し、企業間契約はすべて破棄されました（ほぼ同じ時期に中ソ対立が起き、ソ連は中国から核を含む軍事技術協力をすべて引上げさせたため、中国も独自に核開発を始めました）。

フランス初の核実験は一九六〇年二月一三日、アルジェリアのサハラ砂漠のマリ共和国国境に近いレッガヌにあるサハラ軍実験センターで実施され、プルトニウム型実験弾頭の爆発は成功しました。イスラエルの科学者が同席し、事実上イスラエルとの共同実験でした。この第一回実験にまでに要した経費は総額三億六〇〇〇万ドルとされています。そして、一九六八年八月二四日、初の水爆実験を行いました。

フランスは、一九六〇年から一九九六年までの間に核実験を二一〇回実施しました。このうち一七回はアルジェリアのサハラ砂漠で実施、一九六六年から一九九六年一月までの一九三回は仏領ポリネシア（南太平洋のムルロア環礁）で実施しました。

フランスの原発開発

一九五二年からの第一次原子エネルギー五ヶ年計画で建設が始まったプルトニウム生産用の天然ウラン黒鉛ガス炉は、フランスの独自技術によるもので、「UNGG炉」（黒鉛減速炭酸ガス冷却炉）と呼ばれました。五七年からの第二次五ヶ年計画のもとで建設が続けられ、軍事利用と民生利用を共に目的とすると位置づけられました。

しかし、一九六〇年代には、アメリカに燃料面でも技術面でも依存しなくてすむUNGG炉が重視されましたが、採算性に優れるアメリカ型の軽水炉を推す声も強まり、両者の優劣をめぐる論争が展開され、この論争は、ドゴールの時代の終わった後の一九七〇年、発電用原子炉を軽水炉とすることで決着を見ました。そして一九七三年、メスメール首相のもとでの「メスメール計画」によって、原発の大量建設を目指す方針が採択され、「原子力大国」へと進んでいきました。「メスメール計画」は計画通りには進まなかったものの、電力供給の中心に原発がすわる体制は確立しました。

二〇一二年には、原発の基数が五八基とアメリカに次ぐ世界第二位の原子力発電規模を有しており、発電電力量の約七七％を賄っています。発電設備が国内需要を上回っているという状況から、新規原子力発電所の建設は行われていません。しかし、二〇〇五年七月に制定された「エネルギー政策指針法」において、二〇一五年頃までに既存原発の代替となる新規原発を利用可能とするため原発オプションの維持が明記されたこともあり、フランス電力公社（ＥＤＦ）は二〇〇六年五月、新規原発としてフラマンビル三号機（ＥＰＲ）を建設することを決定し、二〇〇七年一二月に着工しました。

フランスでも原子力関係の事故はしばしば起こっています。これまで最大の原発事故は、一九八〇年に起こったＩＮＥＳのレベル四（事業所外部への大きなリスクを伴わない事故）です。

原発大国であるフランスは原発推進を国策としてきましたが、福島第一原発事故後の二〇一一年三月には、サルコジ大統領やジュペ外務大臣がフランスの原子力放棄はありえないなどと発言し、原子力政策堅持の姿勢を崩しませんでした。

しかし、福島第一原発事故後の二〇一一年六月に行われた世論調査では、全原発の「即時停止」または「二五〜三〇年かけた段階的停止」に賛成する国民は七七％に上りました。

二〇一二年五月の大統領選挙で新たに就任したオランド大統領は、二〇二五年には原子力比率を現状の七五％から五〇％まで低減するという公約を掲げていたものの、大統領就任後、外交政策として積極的な原発の輸出を表明し出し、欧州債務危機からの打開策の一環として二〇一二年一二月アルジェリアを訪れ、同国政府と原発の建設促進で合意しました。

原発依存度を七五％から五〇％に下げる

その一方、オランド大統領は、選挙公約通り、現状七五％の原発依存度を二〇二五年までに五〇％に削減することを目標に、フェッセンハイム原発（一九七七年稼働、出力九二万キロワットが二基）など老朽原発を中心に二〇基以上の閉鎖が必要と言っていましたが、原発推進派のサルコジ前政権の指名で二〇〇九年にフランス電力公社（ＥＤＦ）のＣＥＯに就任したプログリオは、その「縮原発」に公然と反発し、電力業界や労組を味方につけ、原発閉鎖に対して巨額の補償金を政府に要求する構えを見せていました。

このフランス電力公社（ＥＤＦ）は、フランス国内で稼働する原発五八基をすべて保有・操業しているばかりではなく、一九九〇年代末からＥＵ（欧州連合）が進めた電力自由化に合わせ、ヨーロッパ全域に事業を拡大しています。イギリスで稼働中の一六基の原発のうち、子会社のＥＤＦエナジーが一五基を保有し、さらにドイツ電力大手・ＥｎＢｗを傘下に収めるなど、ヨーロッパ最大の電力会社に成長しました。二〇〇四年にパリ・

ユーロネクスト市場に株式を上場したものの、いまだに仏政府が約八五％の株式を持つ「国有企業」でもありますので、大統領の方針は絶対的です。

二〇一四年一〇月一〇日にフランス国民議会（下院）が原子力設備容量の現状（六三二〇万キロワット）凍結や二〇三〇年までに再生エネルギーの発電シェアを三二％に引き上げることなどを盛り込んだ「エネルギー移行法案」を可決すると、オランド大統領は「縮原発」路線が議会の信任を得たとして、直後に、政策遂行に立ちはだかっていた国有電力会社のプログリオの更迭を決断し、仏航空・鉄道システム大手・タレスのＣＥＯだったジャン・ベルナール・レヴィを後任に送り込みました。

仏原発大手・アレバの経営破綻

一方、福島第一原発事故以来、仏原発大手・アレバでも経営危機が深刻化しました。フランス政府が八七％の株式を保有し、ＥＤＦと同様に「国有企業」であるアレバは、福島第一原発事故をきっかけに世界各地の原発新設計画凍結や安全対策強化に伴うコスト増、さらに日本をはじめ取引先の原発稼働停止に伴う燃料販売の急減などで収益が悪化しました。

アレバは、二〇〇〇年代から始まったフィンランドのオルキルオト原子力発電所三号機建設プロジェクト等の欧州加圧水型炉事業の遅滞やそれに伴う訴訟の影響で建設費用が膨らみ、多額の赤字を出すようになりました。毎年それぞれ、二〇一一年度に約二四億ユーロ、二〇一二年度に約一億ユーロ、二〇一三年度に約五億ユーロ、二〇一四年度に約五〇億ユーロ、二〇一五年度に約二〇億ユーロ、二〇一六年度に約六億ユーロの損失を出しました。

そして、二〇一七年、アレバは経営破綻により、原子炉部門はフランス電力へと売却され、二〇一八年、持ち株会社としてのアレバSAはオラノへと改称しました。つまり、オラノは、フランス政府の原子力政策の転換によって誕生した持株会社であり、世界最大の原子力産業会社で、傘下にアレバなど複数の原子力産業企業を有しています。

安全性向上見直しで二、三倍になった原発建設費用

アレバにとって最大の懸案は、フィンランドで建設中のオルキルオト原発三号機（一七二万キロワット、加圧水型）の問題でした。アレバと独シーメンスの共同受注（比率はアレバ七三％、シーメンス二七％）で、安全性を高めた最新鋭のEPR（欧州加圧水炉）第一

号案件として二〇〇五年に着工し、当初は二〇〇九年に稼働開始予定でしたが、設計の不具合や現地下請け業者とのトラブルなどが頻発し、工期は再三の見直しで大幅に遅れました。そのため、二〇〇五年の着工時点では三〇億ユーロ（約四三八〇億円）だった総工費も、八五億ユーロ（約一兆二四一〇億円）近くに膨れ上がり、完成時には三九億ユーロ（約五六九〇億円）の損失が見込まれました。

オルキルオト三号機のプロジェクトは、電源喪失時の冷却機能維持や航空機の衝突にも耐えられる構造など、あらゆるリスクに対応できる強靱さが売り物でしたが、「商業ベースには乗らない代物《しろもの》だった」と大手重電メーカー関係者は解説していました。発注元であるフィンランド産業電力（ＴＶＯ）とアレバ＝シーメンス連合は工費予算超過をめぐって激しい法廷闘争を繰り広げており、国際商業会議所（ＩＣＣ）が仲裁手続きを進めていますが、オルキルオト三号機の完成を危ぶむ声すら広がりました。二〇二〇年八月、ＴＶＯは「二〇二二年二月にはオルキルオト三号機で定常的に発電を開始できる」と発表しました。

アレバにとってＥＰＲ（欧州加圧水炉）の工事の遅れは、フランスのフラマンビル原発三号機も同様で、二〇〇七年の着工当初は二〇一二年の運転開始を予定していましたが、原子炉容器鋼材の品質問題など様々なトラブルにより、完成は二〇二三年にずれ込む見通しです。二〇〇六年五月当時に三三億ユーロ（約四〇〇〇億円）と見積もられていた建設コストが、その後、七回改定され、一二四億ユーロ（約一兆五〇〇〇億円）に増加しました。発注者であるＥＤＦは原子炉の上蓋や圧力容器の内部構造に必要な部品供給の遅れなど、スケジュール遅延の原因はすべてアレバにあると非難していました。

フランスのル・メール経済・財務相は二〇一九年一〇月二八日、フラマンビル原発三号機の建設プロジェクトが大幅に遅延し、建設コストも超過していることについて、事業者であるフランス電力（ＥＤＦ）のＪ・Ｂ・レビィ会長に対し「（問題解決に向けた）アクション計画を一ヶ月以内に提示すること」を要請しました。ル・メール経済・財務相は記者会見で、「これはフランスの原子力産業界全体で挽回しなければならない問題だ」と述べ、フランスにおけるエネルギー産業の存立に関わる重要問題と訴えました。

一方、アレバ社の一七〇万キロワット級欧州加圧水型炉（ＥＰＲ）を利用する発電所としてはフィンランドのオルキルオト、フランスのフラマンビルに続き三番目のプロジェクトであった中国の台山原発（広東省台山市。事業主体：中国広核集団［七〇％］、フランス電力［三〇％］）が先に完成し、一号機は二〇一八年一二月に一六八時間の連続全負荷運転試験を完了して商業運転に入り、二号機も二〇一九年五月に初臨界を達成、年内に商業運転に入る見込みです。このように中国の台山原発は、初めてのEPRとして建設されていたフィンランド、フランスのものに比べて大幅に安く、早くなり、結果的に世界に先駆けてEPRの商業運転を開始することとなりました。

日本勢では、三菱重工業がアレバと共同開発した中型の新型加圧水型軽水炉ATMEA―一の売り込みに力を入れ、トルコの黒海沿岸都市シノップに四基を建設する計画でしたが、二〇一八年一二月、この計画を断念しました。二〇一三年当時二兆円と見込んでいた建設費は、二〇一八年四月時点で五兆円近くに高騰し、三菱重工とコンソーシアムを組んだ伊藤忠商事は事業計画から撤退しました。

電力の買取価格は二〇一三年に日・トルコ政府間で締結した政府間協定により、燃料費を除くものの、二〇年間一〇・八〇～一〇・八三セント／キロワット時に据え置かれました。運転費や維持管理費を考えれば、コスト回収が困難なことは明らかで、三菱重工はトルコ政府に対して、買取価格の引き上げなどの支援を要請していましたが、トルコ政府はコスト見直しなどを要請、結果、三菱重工は採算性が見込めないと判断しました。導入される予定だったATMEA―一はシノップで建設されていれば、世界初の稼働ということでしたが、ベトナムに続き二度目の失注ということになりました。

イギリスでの日立、東芝、トルコとベトナムでの三菱重工と日本の原子力メーカーはすべて手痛い撤退に追い込まれました。福島第一原発事故以降、安全面の強化から原発コストが大幅に増加し、すべてのプロジェクトが暗礁に乗り上げています。いずれにしても、ヨーロッパと日本の原子力産業は退潮に向かっていることは確かです。

《六》中国の原発開発の歴史

第一期（一九五五～七一年）核ミサイル開発優先

この時期は、軍事利用（核兵器関連）中心の自主開発期でした。ソ連の協力で一九五八年頃から、一連の核燃料サイクル関連の鉱山開発や施設の建設に着手しました。

一九六〇年代にソ連の核を含めた技術協力が中ソ間の亀裂で破棄され、独自の核開発路線へと向かい、第九学会（北西核兵器研究設計学会）により、核兵器の開発が進められました。

新疆ウイグル自治区のロプノール湖の核実験場で、一九六四年一〇月一六日に初の原爆実験、一九六七年六月一七日に初の水爆実験が行われました。一九九六年までに核実験が四五回にわたり実施され、それらのうち一九八〇年までに行われた核実験は、地下核実験ではなく地上で爆発させせました。

そのため、新疆ウイグル自治区（東トルキスタン）の広い範囲の土地が放射能で汚染され、現地に住む人間も被害を受けたといわれています。ウイグル人医師のアニワル・トフティは、ウイグル人の悪性腫瘍の発生率が他の地域に住む漢民族と比べて三五％も高く、漢民族であっても新疆ウイグル自治区に三〇年以上住んでいるものは、悪性腫瘍の発生率がウイグル人と同じであることを明らかにしています。

核運搬技術については、中国はソ連から提供されたR−二（SS−二）をもとに弾道ミサイルの開発を進め、一九六四年に核実験に成功すると核弾頭装備の東風二号が一九六六年から配備され、大韓民国や日本を攻撃する能力を得ました。続く東風三号でグアム、東風四号でハワイ、東風五号でついに中国西部から北米を攻撃する能力を得ました。東風三号は一九八八年に通常弾頭に変更されてサウジアラビアに売却されています。

東風五号（DF−五）は、中国が開発した核弾頭の搭載が可能な大陸間弾道ミサイル（ICBM）で中国人民解放軍の第二砲兵部隊で運用されています。アメリカ国防総省の推測では射程は一万三〇〇〇キロメートル以上で北アメリカ全域を射程に収める能力を持つとされています。ＭＩＲＶ（多弾頭）化技術も開発されていると推測されています。ＤＦ-五の技術は人工衛星打ち上げロケットの開発につながっています。

というように核ミサイル技術が一応、形をなした一九七二年頃から原発分野にも目が向けられるようになったようです。

第二期（一九七二〜九三年）

中国最初の秦山原発（浙江省）の設計が着手されたのは一九七三年でしたが、本格的に動き始めるのは改革開放に転じた八〇年代でした。八一年に原発開発計画（秦山Ⅰ期）が承認され、翌年の全人代で「エネルギー長期戦略・原子力発電計画」が発表され、二〇〇〇年までに一〇〇〇万キロワットの原発を建設するという具体的な数値目標が初めて示されました。この計画はスリーマイル島原発事故の影響などで遅れ、国産炉の秦山Ⅰ期原発はようやく八五年に着工されました。この間にフランスからの導入炉による大亜湾原発（広東省）の建設が承認され（八二年）、八七年から着工されました。

第三期（一九九四〜二〇〇六年）

この期は原発の基盤の確立期で、前記の二つの原発が営業運転を開始した一九九四年から始まります。八九年の天安門事件で停滞していた改革開放政策が、鄧小平の南巡講話（九二年）を契機に再開され、中国は年率一〇％を超える高度経済成長に突入していきました。これが沿岸地域の深刻な電力不足を引き起こし、秦山原発の原子炉を増やすとともに、広東省の嶺澳原発、江蘇省の田湾原発の建設を導きました。

第四期（二〇〇七年〜二〇一〇年）

この時期は原発開発が加速された時期です。高度経済成長がさらに進行すると、第一一次五ヶ年計画（二〇〇六〜一〇年）では、原発の「積極的な推進」へと転換しました。その具体化として二〇〇七年に「原子力発電長中期発展計画（二〇〇五〜二〇年）」が公表され、二〇〇六年末段階で八五九万キロワットの発電量を、二〇二〇年までに四〇〇〇万キロワットに拡大し、総発電設備容量の四％にするとともに、その時点で建設段階にある発電容量も一八〇〇万キロワットにするという、数値目標が掲げられました。

二〇〇九年には「積極的な推進」から「強力な開発」に方針転換し、翌二〇一〇年には二〇二〇年までの目標を八〇〇〇万キロワット、総発電設備容量の六～八％に引き上げました。

（ここで二〇一一年三月、福島第一原発事故が起きました）

中国は、福島第一原発事故の影響を受け、水質汚染リスクの高い内陸部の原発（三四基、三八二八万キロワット）は、エネルギー発展「第一二次五ヶ年計画（二〇一一～二〇一五年）」中の建設延期を発表しましたが、二〇一六年以降、国家発展改革委員会の委託を受けた中国工程院による安全性確認作業が終了次第、順次建設を再開する見通しとなりました。

一方、中国沿岸部にある原発に関しては、福島第一原発事故後二〇一一年八月に嶺澳Ⅱ期二号機（ＣＰＲ一〇〇〇、一〇八万キロワット）が営業運転を開始し、その後一五基が稼働して二〇二〇年までに運転中・建設中・計画中の原発基数は約九〇基となり、中国はアメリカに次ぐ原子力大国となる見通しです。なお、原発の平均設備利用率は二〇一二年には八九・二％、二〇一三年には八八・九％、二〇一四年には八六・三二％で比較的安定しています。

国内の開発はペースダウン

二〇一一年に発生した福島第一原発の炉心溶融（メルトダウン）は、中国当局にショックを与えると同時に、多くの中国国民に強烈な印象を残しました。二〇一七年八月に中国政府が実施した調査によりますと、原発開発を支持する国民はわずか四〇％でした。

国民の支持率よりも、さらに大きな問題はコストです。福島第一原発事故のような大惨事を避けるために安全機能を追加し、堅固な冷却機能を追加装備した原子炉建設にはコストがかかります。一方、風力及び太陽光発電のコストは急落の一途をたどっています。ブルームバーグ・ニュー・エナジー・ファイナンス（ＢＮＥＦ）によりますと、現在、風力及び太陽光発電は、中国の新しい原発が供給する電力よりも二〇％安くなっています。

また、電力需要の面からも変化が表れています。二〇〇〇年代初めに中国が好景気を迎え、電力を大量に使う製造業が急成長する中で、電力消費量は年間一〇％以上のペースで増加していました。ここ数年は電力消費量の増加ペースは減速し、産業の多様化が進んだ結果、電力需要は平均四％未満のペースで増加しているにすぎません。高まる電力需要を満たすために、原発が切望された時代は過ぎたようです。

電力発展十三・五計画（二〇一五〜二〇二〇年）

政府は二〇一六年一一月、「電力発展十三・五計画（二〇一五〜二〇二〇年）」を発表し、沿海部での原発プラントの新・増設を継続するとともに、中国自主技術による第三世代炉へシフトしていく方針が示されました。二〇二〇年には運転中五八〇〇万キロワット、建設中三八〇〇万キロワットまで開発するという目標を掲げました。

二〇一七年末時点で、三八基（三五八〇・七万キロワット）が運転中ですが、総発電設備容量に占める比率は三・八七％とまだ小さいものです。運転開始済みの原子炉の炉型はCANDU炉二基を除き、すべて加圧水型軽水炉（PWR）です。

新規開発する原発は、第三世代炉など高い安全性を有する原子炉を建設していく方針です。二〇一四年には、海外の技術を取り入れた「華龍一号」と呼ばれる国産原子炉の基本設計を完了させ、福建省の福清原発の五、六号と、広西チワン自治区の防城港原発の三、四号で建設されることになりました。

二〇二〇年代に世界最大の原発大国になる中国

世界で運転中の原発は二〇一九年一月一日時点で四四三基で、発電設備容量は同五〇七万九〇〇〇キロワット増の四億一四四五万四〇〇〇キロワットと、四年連続で過去最高を更新しました。今後も中国やロシアを中心に新設が計画されています。

原子力関連企業などでつくる日本原子力産業協会が二〇一九年四月一七日に発表した世界の原子力発電動向によりますと、運転中の原子力発電の発電設備容量で中国が日本を初めて抜き、アメリカとフランスに次ぐ世界三位に浮上しました。日本国内で原発の廃止が相次ぎ二〇一九年一月一日時点で三八〇四万二〇〇〇キロワットとなりました。一方の中国は八九七万六〇〇〇キロワット増加して四四六三万六〇〇〇キロワットとなりました。

イギリスの石油大手BPは、世界のエネルギー見通しに関する報告書で「中国の原発建設は今後も拡大し、二〇二二年にはフランスを抜いて世界二位、二〇二六年には中国の総容量が一億キロワットを超えて、アメリカを抜いて世界最大の原子力発電大国になるだろう」と予測しています。前述しましたように、アメリカでは原発の寿命を迎えて廃炉原発が増える一方で新増設は進まず、設備容量は減少が予想されています。

また、電力需要の面からも変化が表れています。

地球温暖化の行方を左右する中国

二〇一八年の中国の人口が一四億人と日本の約一一倍でさらに増え続けており、総発電設備容量は一九億キロワットで前年比六・五％増となっています。このうち、原発設備は四五〇〇万キロワットで、これだけでも既に日本の運用中の原発の設備容量を超えていますが、それでも中国の総発電設備容量のたった二・三七％を占めているに過ぎません。今後の中国の人口と電力需要の伸びを考えれば、国家計画目標である二〇四〇年までに一〇二基を新設という数字もあながち絵空事とはいえないかもしれません。勿論、この計画が全て実現するのかどうかは今後の中国経済の成り行き次第ということになるでしょう。

一方、世界的に電力会社は既存の原発を廃止し、新たな原発を建設しなくなりつつあります。もし、中国も原発から手を引くことになれば、二酸化炭素を排出しないエネルギー源であり、気候変動のスピードを食い止めるために不可欠だと考えられてきた原発に、終焉を告げることになるかもしれません。

しかし、中国の現状は化石燃料が中国の必要とするエネルギーの半分を優に超えていて、化石燃料の割合は縮小しつつありますが、成長を続ける経済によって、エネルギーの総消費量は今も過去最高水準近辺にあります。中国指導部は気候変動の緩和、再生可能エネルギーの推進、代替エネルギーとして天然ガスの段階的導入を公約していますが、この化石燃料のシェアを奪うためには原発の増加はまだ必要となります。

中国の原発にとっておそらく最大の脅威は原発以外のクリーンエネルギーです。太陽光や風力に関する専門技術の蓄積や重点強化、原発にかかる多額の先行投資や安全性に関する過去の問題を踏まえますと、今後、再生エネルギーのより幅広い成功によって原発が最終的にあまり重視されなくなることも近い将来ありえます。

二〇二〇年七月九日、中国は二〇二〇～二〇二五年に原発を六～八基建設し、原発による発電容量を二〇二〇年末比四三・五％増の七〇ギガワット（七〇〇〇万キロワット）に引き上げる方針としました。

中国核能行業協会によりますと、二〇二〇年末時点の発電容量は五二ギガワット（五二〇〇万キロワット）で、目標の五八ギガワット（五八〇〇万キロワット）に届かない見込みです。ただ、二〇三五年までには稼働中あるいは建設中の原発の発電容量は二〇〇ギガワット（二億キロワット）近くへ引き上げることが可能だといっています。

いずれにしても中国の原発政策、脱化石エネルギー政策は、今後の地球温暖化対策の最大の要であり、中国人だけでなく、私たち人類として最大の関心事として注目する必要があります。

原発輸出に積極的になった中国

「創造と模倣・伝播の法則」の通り、中国は欧米の原発技術の移転によって、その後、急速に原発製造能力を高めていきました。

中国では、一八基がフランスのアレバ社製を改良したＣＰＲ一〇〇〇で、国産化率は八〇%、四基がアメリカのウェスティングハウス社のＡＰ一〇〇〇で、これも国産化を進めていました。設備供給については、同時に四〇基を建設する能力を持ち、ほぼ国産化率一〇〇%を達成していると言っています。国産化率一〇〇%というのは誇張があり、実際は八五%程度であるとの分析もあります。これまでに、アレバ社の協力やウェスチングハスの原発の積極的な導入により、機器の製造も自前で可能になっているのでしょう。

一方、中国の国有発電大手が新型の原発を相次ぎ稼働させました。事故で電源が失われても自動で原子炉が停止可能な次世代型の原子炉「第三世代プラス」など三基が商業運転を始めました。原発は習近平最高指導部の産業政策「中国製造二〇二五」の重点分野であり、二〇三〇年には最大で現状の四倍近くの一億五〇〇〇万キロワットまで発電能力を引き上げることを視野に入れています。

新規原発を次々と建設している結果、中国には原子力技術者がどんどん育っているといわれています。今や「華龍一号」（ＰＷＲ、一〇〇万キロワット級）という自前の原子炉も開発を終了し、今後、原発輸出の炉型として活用していくと言っています。華龍一号以外にも、モジュール型多目的小型炉（ＡＣＰ一〇〇）や、第四世代炉と呼ばれるモジュール型高温ガス炉や高速炉の開発を進めました。

習近平政権は、二〇一三年に原子炉の輸出強化方針を国家戦略として定め、「一帯一路」構想（中国が目指す経済・外交圏構想）と絡めて原発輸出を強力に推進しています。原子力企業の統合を通して巨大原子力企業を生み出し、国策として原子力産業の国際競争力の強化を図っています。

中国には原発の輸出を担当する組織が三つ（中国核工業集団有限公司、中国広核集団有限公司、国家電力投資集団有限公司）あり、「一帯一路」構想に基づいて、陸と海のシルクロード沿線国家向けに約五〇兆円規模とも言われている原発市場でそれぞれが海外展開を行っています。しかし、中国の原発商談の相手国全てが、本当に原発を導入し建設、運転をしていけるのかどうかその経済力や技術力も慎重に分析する必要があります。

また、中国は早くも原発先進国のヨーロッパに逆進出を開始しています。二〇一五年一〇月、中国広核集団有限公司（CGN）と中国核工業集団公司（CNNC）が、フランスのEDF社が手がけるイギリスのヒンクリー・ポイントの原発建設に出資を決定、さらにブラッドウェルに計画されている原発を受注し（二基合計三三四万キロワット）、「華龍一号」の建設が決定したことはその象徴的な一例です。

その他にも、アルゼンチンと「華龍一号」の建設で協力協定を締結、イランにも二基の原子炉を提供することが決定された他、パキスタンではすでに建設工事が進んでいます。東欧や中東、南米でも、中国が自主開発する各種原子炉や高温ガス炉の建設協力も進んでいます。中国のこのような輸出国としての影響力の増大は、近年の供給国側における構造変化の最大の特徴といえます。これには中国の政治的な（地政学的な）背景があると見られています。

中国の原発輸出攻勢の政治的背景

原子力は、核兵器の獲得を可能にするという両用技術の特性から、極めて戦略性、政治性の強い技術です。原子力が、いくつもの困難を抱えながらいまだ多くの国によって導入が進められているのは、この極めて高い戦略性に由来する面も大きいと言われています。その点で、原子力の国際展開は単なる商業活動ではなく、重層的に国際安全保障とも密接に関わってきます。

例えば、低濃縮ウランは原発の燃料に、高濃縮ウランは核兵器の原料になりますが、原子力技術で中国の支援を受けているイランは、核の平和利用を主張しながら、国内でのウラン高濃縮に固執し、イラン核疑惑に発展し、イラン核合意、アメリカの一方的合意離脱などの問題となっています。

今後、新興国を中心とする新たな原発市場が拓けるとしたら、そこにおける人材や技術力、規制力の面で、どの国が主導権を取るかという問題が起きます。従来はアメリカが主導権を取っていましたが、そのアメリカが原発で撤退していくとしたら、そのあとはどこの国がやるかという問題です。アメリカ・エネルギー省のブルイエット長官は、地政学的に重要な国の多くが、原子炉建設に必要な技術支援を中国とロシアに依存していることは、安全保障、核不拡散の観点から問題があるとし、懸念を示しています。

原発を活用することを「低炭素でクリーン」と位置づけることは、気候変動・脱炭素をめぐる中国の外交姿勢にも反映されています。二〇二〇年九月、習近平主席は、二酸化炭素排出量を二〇三〇年までに減少に転じさせ、二〇六〇年までに二酸化炭素排出量と除去量を差し引きゼロにするカーボンニュートラルを目指すことを国連総会での演説で表明しました。世界最大の二酸化炭素排出国として、これほど明確なコミットメントを明言したことは、アメリカのバイデン陣営を意識し、気候変動問題で世界の主導権を握りうる強力なメッセージとなりました。

現在、中国は国家主導の原子力ビジネスを通して、中東諸国との関係強化、地域への影響力増大を図っています。二〇一六年一月の習近平主席の中東歴訪では、サウジアラビアやイランと原子力協力の案件を取りまとめ、イランとは二基の「華龍一号」の建設でも合意しています。（今後、中東産油国が、大量の化石燃料を抱えながら、地球温暖化が劇症化し、急速に「脱炭素化」を迫られるとしたら、原発を多数建設して安価な電力で水を電気分解して水素を作り、水素を輸出する戦略がありえます）。

中国はサウジアラビアと二〇一二年に原子力エネルギーの平和利用での協力に向けた条約を締結した他、二〇一七年には中国核工業集団公司（CNNC）がウラン鉱山探査でサウジを支援するとの覚書を交わしています。核開発疑惑で孤立するイランだけでなく、サウジアラビアでも、二〇二〇年八月、政府は否認しているものの、中国の協力でウラン精鉱（イエローケーキ）を抽出する施設が建設されたとの報道があり、これらの動きに対してイスラエルやアメリカが懸念を表明しています。このように中国の原発輸出には「一帯一路」（太陽光発電の道になるとともに、水素の道ともなり、すべては北京に通ずるのです）の外交と絡めて、中国の中東・アフリカへの影響力拡大を狙っているとも言われています。

第二章　日本の原発開発の歴史

戦時研究から禁止・休眠の時代（一九三九〜五三年）

日本でも戦時中、陸軍と海軍が二つの原爆研究プロジェクトをやっていましたが、アメリカのマンハッタン計画はもとより、ドイツの原爆研究と比べても全く劣ったものでした。プルトニウム抽出路線は全く作業を進めていませんでしたし、ウラン濃縮路線も、実験的成果は皆無でした。

敗戦後、ＧＨＱの発した原子力研究禁止令により、原子力研究は全面的に禁止されました。陸軍の依頼によって理研の仁科研究室が研究していた初歩的な原子炉は終戦直後、東京湾に投棄されました。また、海軍の依頼によって、京都帝大の荒勝研究室が研究していたサイクロトロンは解体され、琵琶湖に投棄されました。ただし、アメリカ主導で進められた原爆効果（被害）調査には、多数の日本人医学者が動員されました。しかし、その調査結果はアメリカが持ち帰って、秘密にされてしまいました。

一九五二年の日本の独立回復と同時に原子力研究は解禁となりましたが、科学界の慎重論により、研究活動は事実上の休眠状態に置かれました。

《一》第一期──原発推進体制の整備と試行錯誤の時代（一九五四〜六五年）

一九五三年一二月、アイゼンハワー米大統領は国連で「原子力の平和利用」演説を行い、核エネルギーの平和利用と核兵器拡散阻止のため、国連のもとに国際機関（一九五七年七月、国際原子力機関［ＩＡＥＡ］の活動開始）を設立し、また、天然ウランと核分裂物質の所有諸国は、一部を平和利用のため国際的に供出すべきであり、アメリカは濃縮ウラン一〇〇キログラムを提供すると提案しました。この時期、米ソの核兵器競争は進行しており、これ以上（米ソ英）、核保有国が増えないように、原発技術の供与と引き換えに核兵器開発を断念させる狙いも、この提案には込められていました。

このアメリカの提案を素早くつかみ、国家主導で原子力研究を推進すべく、動いたのは改進党議員だった中曽根康弘でした。日本における原発開発は、一九五四年三月に中曽根康弘らにより原子力研究開発予算が国会に提出されたことがその起点とされます。この時の予算二億三五〇〇万円は、ウラン二三五にちなんだものでした。

原子力予算成立を契機として、政府と産業界は学界の協力を得て、海外の原子力研究の動向に関する調査研究を進めるとともに、原子力研究の推進体制の整備を進めました。まず、一九五五年一二月半ばに原子力基本法が制定され、原子力研究は平和のために限るとし、「自主」的な努力の上に、「民主」的に進められ、情報はすべて「公開」されねばならないとする「原子力三原則」が謳われました。また、原子力委員会設置や総理府に原子力局を設置する法律も可決されました（原子力三法の成立）。

一九五五年一一月に日本政府は、日米原子力協定を調印し、アメリカから提供される濃縮ウランを使用する実験用原子炉を運用する日本原子力研究所を東海村に設置しました。この過程で問題となったのは、日米の原子力協力が軽水炉の段階に進めば、必ず、アメリカ原子力法が要求する機密保全の義務が発生することになるので、当時、日本学術会議が要請していた原子力の「民主・公開」の原則と矛盾することになるのではないかということでした。

これを承知で、当時の日本政府が機密条項を伴う可能性の高い日米間の原子力協力の方向を選択したことは、原子力行政における秘密主義の始まりとなり、他からの批判を許さない後の「原子力ムラ」的体質の出発点となりました。それはもともと原子力（核兵器、原発とも）をアメリカのもとに置こうとするアメリカの意図そのものにあり、日本はそれに乗ったといえます。

アメリカ政府の原子力平和利用キャンペーンに日本で積極的に呼応したのは、正力松太郎率いる「読売」グループでした。読売新聞社は、五五年一一月から原子力平和利用博覧会を全国の主要都市で開催し、総計二六〇万人の入場者に原子炉の模型や将来の原子力飛行機、原子力船など原子力の「夢」を持たせました。

そして原子力基本法の成立を受けて一九五六年一月一日に原子力委員会が発足（委員長・正力松太郎、委員に湯川秀樹などが就任）が発足し、原子力開発基本計画が策定されました。

また、一九五六年三月から四月には、科学技術庁設置法、日本原子力研究所法、原子燃料公社法（のちに動力炉・核燃料開発事業団に発展的改組）なども成立し、日本における原子力開発の体制が整備されました。

さらに経済界でも一九五六年三月に日本原子力産業会議（以下、原産会議）が発足し、会長には東京電力会長が就任しました。正力は翌一九五七年四月二九日に原子力平和利用懇談会を立ち上げ、さらに同年五月一九日に発足した科学技術庁の初代長官となりました。

正力委員長から自主開発路線を放棄して外国（イギリス）から出来合いの原子炉を輸入

する構想が出され、自主的な基礎研究を重視する湯川委員と対立し、湯川委員は押し切られました。一九五七年に原子力委員会は発電用原子炉の早期導入、受け入れ会社として日本原電の発足を決めたこともあって、湯川秀樹は原子力委員を辞任しました。学術会議の原子力三原則と政界・経済界の早期輸入路線とは完全に食い違っていました。

一九五七年末までに通産・電力連合と、科学技術庁グループの二つの勢力が並び立つ「二元体制」が形成され、それぞれのグループにおける事業が本格的に動き出しました。それ以後の原子力開発利用は、各グループ内部での事業方針の見直しがあったとはいえ、この制度的枠組みの中で進められるようになりました。

通産・電力連合は電力業界と結び、とにかく、すぐに海外から技術を導入することに走り、科学技術庁グループは自主技術を強調し、実力をわきまえず過大な自主技術開発をするという（昔の陸軍、海軍のような）二元体制になってしまいました。日本の将来のため、ここはあくまで自主開発し、ここは今は無理だから外国技術に頼るという話し合いはありませんでした。

まず、通産・電力連合は商業用原子炉としてイギリスのコールダーホール改良型炉（黒鉛減速炭酸ガス冷却炉）の導入準備を始めました。アメリカから濃縮ウランを燃料とする実験炉の導入が決定されていましたが（アメリカが手間取った理由はアメリカの原発開発の歴史で述べました）、実験炉の開発ではイギリスが先行していました。

原子力関連の企業側ではアメリカの軽水炉の実用化を待つべきとの意見もありましたが、商業用原発の導入を急いでいた正力委員長はイギリスからの導入を決断しました。それは、イギリスの原子炉が入手が容易な天然ウランを燃料としていた上、原子炉の運転の結果発生するプルトニウムの返還をイギリスは、アメリカのように要求しなかった点も利点と考えられました。

また、コールダーホール型原子炉の受け皿となる組織をめぐっては、自由民主党の河野一郎が国営を主張しましたが、正力委員長は民営論を展開、結局、政府も出資した民間会社として、日本原子力発電会社の設立が五七年九月の閣議で決定されました。

しかし、五七年一〇月、前述しましたようにイギリスのセルフィールドのコールダーホール型原子炉で重大事故が起き、日本側ではコールダーホール型の安全性に疑問が発生し、調査団を派遣して設計変更を求めました。この原発は日本原電が経営する東海第一原発と呼ばれてきましたが、一九六〇年着工、一九六七年に当初予定の出力一六万キロワットを達成しました。

その間、いろいろなトラブルがあり、その修理のため建設費用も当初の三五〇億円から四五〇億円にも膨れ上がり、結局、日本におけるコールダーホール型原子炉はこの一基で終わり、性急な導入が大きなツケをもたらす結果となりました。

次に科学技術庁グループについて述べますと、一九五六年六月に日本原子力研究所（現、独立行政法人日本原子力研究開発機構）が特殊法人として設立され、研究所が茨城県東海村に設置されました。これ以降東海村は日本の原子力研究の中心地となっていきました。アメリカから導入した研究用の原子炉ＪＰＤＲ（一万キロワットの沸騰水型）は、日本原子力研究所（原研）に設置され、一九六三年一〇月二六日に初発電を行いました。これを記念して毎年一〇月二六日は原子力の日となっています。

しかし、こうした導入期の熱狂の裏で、事故発生時の損害分析も秘密裏になされていました。六〇年、日本原子力産業会議は科学技術庁からの委託を受け、原発事故の損害額を試算した報告書を作成していました。そこでは大事故発生時には三万人が永久の立ち退きを求められ、損害額は少なく見積もっても一兆円に上ると算定されていました。当時の国家予算は一・七兆円程度でしたので、国家予算の五九％に達する損害額予想でした。まさに国家破綻の危機に直面する事態ですが、この報告書は一九九九年の国会質問で存在が明らかにされるまで公表されませんでした。

（国家は都合の悪い情報は公表しないのはいつも同じです。この報告書の結論――大事故発生時には三万人が永久の立ち退きを求められる。損害額は国家予算の五九％に及ぶ――と福島第一原発事故との比較をしますと、現在の国家予算約一〇〇兆円ですので損害額は五九兆円に相当します。福島第一原発事故の損害額予想は現在のところ二二兆円ですが最終的にはもっと増えるでしょう。永久の立ち退きが何人になるかはまだ不明です。このような重要な報告書を日本政府は隠していたのです）。

このように、通産・電力連合が最初の導入炉に選んだコールダーホール改良型炉は経済的に見て失敗作であり、また科学技術庁グループでも、日本原子力研究所の動力炉自主開発計画は混迷を重ね、原子力燃料公社の国内ウラン鉱開発も失望的な結果に終わりました。

《二》第二期――アメリカ型軽水炉の導入と原発のテイクオフ（一九六六～七九年）

一九五〇年代末になると、短期間で大規模化が可能という原子力発電の「夢」はしぼみ、英米でも原発への関心が低下したことは述べました。それは、原発の実用化には様々な困難があることが判明する一方で、中東で大油田が相次いで発見され、安価な原油の流入で火力発電が主要なエネルギー源となったためでした。

この安くなった火力電力に対応するためには、アメリカの原発の歴史で述べましたように、企業はただ原発の大規模化によるコストダウンしかありませんでした。一九六〇年代半ばになってアメリカでの軽水炉の実用化の見通しがつくと、一九六四年八月にジュネーブで開催された第三回の原子力平和利用国際会議で、アメリカのGEは沸騰水型軽水炉（BWR）を、WHは加圧水型軽水炉（PWR）を宣伝して、採算の取れる商業発電時代の到来を大々的に宣伝しました。

また、同じ一九六四年八月にアメリカで核燃料民有化法が成立し、核燃料の売却が容易になったことも原発への関心を再燃させました。アメリカのシーボーグ原子力委員長が六二年から六五年に原発が「成年期」に達したと語ったように、軽水炉の発注が急増し始め、六六年には二〇基、六七年には二九基を記録しました。このアメリカにおける軽水炉の発注急増は、製造コストの低下を実現し、低価格での輸出を可能にしました。

こうして一九六三年から六四年にかけて世界的な軽水炉ブームが勃発しました。このブームを受けて日本の電力各社は、軽水炉導入に積極姿勢を示し、電機メーカーもアメリカ電機メーカーとの技術導入契約など、軽水炉導入のための体制を整えました。また通産省も電力会社とメーカーを支援しました。こうして通産・電力連合は、アメリカ製軽水炉の導入習得路線を精力的に推し進めるようになりました。

そこでは、沸騰水型ＢＷＲを採用する東京電力／日立・東芝／ＧＥの企業系列と、加圧水型ＰＷＲを採用する関西電力／三菱重工／ＷＨの企業系列の二つが、並び立つこととなりました。東京電力と関西電力以外の七つの電力会社のうち、東北・中部・北陸・中国の四社がＢＷＲ系列に、残りの九州・北海道・四国の三社がＰＷＲ系列に入ることとなりました。なお、核燃料事業でも、核物質の民有化により、購入委託路線を取る通産・電力連合が直接、海外との契約を結ぶようになりました。

アメリカのＧＥから、魅力的な価格の軽水炉と「ターンキー契約」が日本に提示されました。このターンキー契約とは、最初に固定された売却金額が提示されて、その金額で建造と臨界までをＧＥが請負い、その後事業者はマニュアルに従って運用するだけでいいという契約方式でした（この方式ではもともと事故のことは考慮されず、マニュアルにしたがって、キーを回して運転するだけでいいということになります。ですから、電力会社は、たとえば、電車の運営会社と同じで、電車が故障すれば、車両会社［メーカー］の車両工場で修理してもらえばいいのです。原発の場合、GEやWHと技術提携して原発を製造したメーカー〔日立、東芝、三菱重工など〕が原発の定期修理や事故修理を行いますので、福島第一原発事故などの重大事故時にはお手上げになってしまうのは当然のことでした。これについては、福島第一原発事故のところでまた述べます）。「ターンキー契約」にしたことは、先のコールダーホール型原発のトラブルを避けるためでしたが、同時に、地震や津波など日本の立地条件に見合った設計変更の余地を難しくさせるものでもありました。

これについて、二〇一一年の福島第一原発事故のあとに、次のようなことが問題にされていました（二〇一一年六月一一日の「朝日新聞」より）。

「東電福島第一原発が四〇年前、竜巻やハリケーンに備えて非常用発電機を地下に置く〈米国式設計〉をそのまま採用したため、事故の被害が大きくなったことが関係者の証言でわかった。原発は一〇メートル以上の津波に襲われて水につかり、あっけなく全電源を失った。

一九六〇年代初頭、米国では、風速一〇〇メートルに達する暴風（巨大竜巻が多い）が原発に襲いかかり、周辺の大木が根こそぎ吹き飛ばされ、ミサイルのように建屋の壁を突き破り、非常電源を破壊する、こんな悪夢のシナリオを想定して原発の災害対策が練られた。つまり、〈木のミサイル〉から守るために、アメリカでは非常用発電機はタービン建屋の地下に置かれた。

東電の原発だった福島第一の一号機は、GEなど米国企業が工事を仕切った。〈東電は運転開始のキーをひねるだけ〉という〈フル・ターン・キー〉と呼ばれる契約で、技術的課題は丸投げだったという。東芝や日立など国産メーカーの役割が増した二号機以降の設計も、ほぼ一号機を踏襲したという。津波など日米の自然災害の違いを踏まえて見直す余裕はなかったという。旧通産省の元幹部は〈米側の仕様書通りに造らないと安全を保証しないと言われ、言われるままに造った〉と振り返る。（中略）

この結果、福島第一原発一～六号機の非常用発電機計一三台のうち、主要一〇台が地下一階に集中している。津波の直撃を受けて水損を免れたのは、六号機の一階にあった一台だけだった。原子炉を冷却するための電源が失われ、運転中だった一～三号機は炉心溶融（メルトダウン）を起こした。」――「朝日新聞」からの引用終わります。

ついでに述べますと、原発は狭い土地で集中的に大出力の電力が得られることをメリットに上げていますが、やはり、事故が起きると重大ですので人家との距離は三〇キロ必要でしょうが、日本の原発ではどこでも数キロでかなりの人口の都市があります（もともと原発は人口密度の高い日本では無理です）。アメリカ大陸やソ連（ロシア）と日本国土の状況をもっと慎重に検討すべきでした。チェルノブイリ原発事故から四〇年近く経っても三〇キロ圏は全く人が住めないのですから（高齢者が自発的に帰ってきて住んでいますが）、日本では福島第一原発事故のような事故が起きると、必ず一九六〇年の日本原子力産業会議の報告書で述べているように三万人が永久の立ち退きを求められる人が出ることを前提としければならないでしょう。福島第一原発事故では、まだ、永久の立ち退きを求められる人のことは聞いたことはありませんが、日本政府は都合の悪いことは先送りして言わないことにするのはいつものことです。

横道にそれましたが、日本の原発の歴史に返ります。

原電は第二号炉として、一九六一年に福井県敦賀市を選んで、建造は東芝・日立・GEのグループが請け負う契約を結びました。敦賀発電所は七〇年三月から営業運転に入りました。第一号のコールダーホール改良型よりも、コスト的には単位出力当たり二・七倍優位だったとされています。

関西電力は一九六六年四月福井県美浜町に三菱重工とWHのグループの加圧水型軽水炉

（ＰＷＲ）が、東京電力は一九六六年五月、福島県大熊町に東芝・日立・ＧＥのグループの沸騰水型軽水炉（ＢＷＲ）がそれぞれ採用され、「ターンキー契約」方式で建設され、運転開始に漕ぎつけました。

日本原子力産業会議が毎年刊行していた『原子力年鑑』一九六六年版では、軽水炉の安全性について、「米国の軽水炉は、その経験の程度から見て、ある程度安全設計と耐震設計に考慮を払えば、日本に導入して安全に運転しうる段階に来ていると見てよい」と記述していました。

しかし、日本に軽水炉の導入が始まった一九六〇年代にアメリカの原子炉の安全性は確認済との説は疑問でした。アメリカでは、六一年一月にアイダホの実験炉で制御棒を引き抜いた際に、炉心の臨界が発生し、三人が死亡していましたし、六六年一〇月にはフェルミ原発で部分的な炉心溶融事故が発生し、発電所が閉鎖されていました。このように、アメリカの原発の安全性は「実証済」とはとても言えない状況でしたが、日本では軽水炉の導入を急ぐあまり、安全性の確認が後回しにされました。

他方の科学技術庁グループもまた、一九六七年一〇月に動力炉・核燃料開発事業団（動燃）が発足し、三つの基幹的なプロジェクト（新型転換炉ＡＴＲ、高速増殖炉ＦＢＲ、核燃料再処理）の開発が始まり、さらに七〇年代初頭からは、第四のプロジェクトとして、ウラン濃縮開発に取り組むようになりました。そうした基幹的プロジェクト以外にも、核融合や原子力船など多くの開発プロジェクトが推進されるようになりました（科学技術庁グループは、日本の実力をわきまえず多角化し、結局、二〇一〇年の時点で、何一つ成功しないことになってしまいました）。

一九七三年の石油危機が追い風となった原発

一九七三年一〇月、第四次中東戦争が勃発して石油輸出国機構（ＯＰＥＣ）が原油価格を七〇％も引き上げたことから日本にも深刻な石油危機が到来し、国際的にも国内的にも代替エネルギーとして原子力発電の重要性が高まりました。日本の政策として原子力が優先されたために、一九七五年には原子力の発電量は一〇基五三〇万キロワットに拡大し、日本は（ソ連を除いて）アメリカ、イギリスに次ぐ三番目の原発大国に成長しました。

この第一次石油危機は、原発にとって、その重要性を主張する上で絶好の機会となったはずでしたが、原子力に対する不信を助長するような事故が相次ぎました。原発推進派にとくに深刻な打撃を与えたのは一九七四年九月一日の原子力船「むつ」の放射能漏れ事故でした。電力会社が運営する原発にも、いろいろな事故・故障が続発し、頻繁に停止したため、稼働率は四〇％に留まりました。このようなことから、原子力発電への反対世論が広がり、地元民の不同意により新しい原発立地地点の確保が極めて困難になってきました。

一九七三年に原産会議は「原子力開発地域整備促進法」を制定するよう政府に要望し、七四年六月、電源三法（電源開発促進税法、電源開発促進対策特別会計法、発電用施設周辺地域整備法）が成立し、原発を作るごとに交付金が出てくる仕組みができました。

通産省の資源エネルギー庁では、一九七四年度初頭には既に導入した軽水炉の問題点を抽出してその対策についての基本構想をまとめ、実施したのが原発の改良標準化研究でした。

また、地震国日本の原発にとって、地震をどう考えるかは極めて重要なことでした。当時から議論の対象となっていた原発プラントの耐震性についても実物を用いて実証するため、財団法人原子力試験工学センターが一九七六年に設立され、一九八二年には香川県に多度津工学試験所を開所、各種原子炉機器、構造物の振動試験が開始されました。振動試験の成果は改良標準化プラントの設計の問題点を洗い出し、更なる反映を図ることも意図されました。

このような政府や電力業界の努力はありましたが、国民の原発に対する不信は根強く、電力業界も、このような国民意識と各地の反対運動の中で、六〇年代までに原発立地を受け入れた土地以外に新規立地を電力会社は確保できず、結果的に同じ立地に原子炉を次々と増設していくようになりました（福島第一原発事故からもわかるように、同じところに並んで設置することは極めて危険なことです）。

原発が立地する市町村には前述した電源三法によるカネと共に電力会社からの寄付金、その他名目の種々のカネ、電力会社社員が議員となっての地域世論作り、地元企業の原発下請け営業といった様々な要素による企業城下町化が進行していきました。この原発立地にからむ不明朗なカネの動きについては当時からいろいろありましたが、二〇一九年に唖然とさせられるような実態が明らかになりました。

二〇一九年九月二六日、共同通信が高浜原発がある福井県高浜市の元助役の森山栄治から関西電力の役員等が三億二〇〇〇万円の金品を受領していたことを報じました。

二〇一八年の財務省国税庁金沢国税局の税務調査で、森山栄治の自宅から帳簿や資金の提供元や供出先が記されたメモが押収され、関西電力幹部の自宅の捜索がなされ、二〇一一年から二〇一八年にかけて、関西電力の八木誠会長や、岩根茂樹社長、豊松秀己副社長、森中郁雄副社長らに、「原発マネー」とおぼしき三億二〇〇〇万円を渡していたというものです。

その後、第三者委員会が設置され、二〇二〇年三月一四日に調査結果が公表されました。受領者は関電の七五人で総額三億六〇〇〇万円相当にのぼりました。森山元助役は助役を退任した一九八七年から三〇年余り土木建設会社「吉田工業」及び関連会社四社で報酬などを得ていました。この間、森山元助役は、「関電幹部に多額の金品を提供し、見返りとして関電に自らの要求に応じて関係企業への工事の発注を行わせた」と指摘し、「それらの企業から経済的利益を得る、という仕組みを維持することが目的」と結論づけ、「原発マネー」の還流を認定しました。

たとえば、森山元助役が一九八七年から役員に就任したメンテナンス会社の売上高は、八七年の一九億円から二〇〇一年に六六億円に急増、取引に占める関電の割合が九割近くに上っていました。また、関電が高浜町に寄付した約四四億円のうち、三五億円超は森山元助役が在任中の一〇年間に集中していたとのことです。

全国各地で原発立地に絡む不明朗なカネが動いていたことは当時からいわれていたことでしたが、このように今になって、その実態が明らかになったのはめずらしいことです。

なお、この第三者委員会の調査で、経営悪化の責任としてカットした役員報酬を、会社がこっそり補填《ほてん》していたことも付随して明らかになりました。日本の電力供給を担う公益法人の統治の根幹がここまで落ちていたことには唖然とさせられます。

《三》第三期――「安全神話」の浸透と「原発増設時代」となった日本（一九八〇～九四年）

アメリカのスリーマイル島原発事故

一九七九年三月二八日に勃発したアメリカ・スリーマイル島原発の人為的ミスによる炉心メルトダウン事故から始まり、アメリカでは原子力規制委員会の権限が強化され、以降、アメリカでは原発増設は一基もありませんでした（三〇数年ぶりの二〇一六年に新規原発が一基稼働しました）。

スリーマイル島原発事故は国際的にも大きな反響を呼び、アメリカでもヨーロッパでも原発反対の運動が盛り上がったことは述べました。そうした結果、アメリカの原発を支持する世論は、七七年七月では六九％でしたが、スリーマイル島原発事故後には四六％に低下しました。

世界でまったくこれに影響されなかった国は日本だけでした。しかも、日本の原子力行政も電力業界も、この事故からの教訓を真剣にくみ取ろうとしませんでした。事故直後、電事連会長で東電社長の平岩外四は「日本ではアメリカのような事故が発生する恐れはない」と頭から否定していました。

事故の二日後に原子力安全委員会の吹田徳雄委員長も「事故の原因となった二次系給水ポンプ一台停止、タービン停止がわが国の原発で起きてもスリーマイル島のような大事故に発展することはほとんどありえない」とするコメントを発表しました。原子力行政や産業関係者は極力過小評価し、日本の原発には関係ないことであるとまったく無視して、これから学ぼうとも調べようともしませんでした。（これは福島第一原発事故後にわかったことですが、通産省は、このスリーマイル島事故後、アメリカ原子力規制委員会が決めた変更規定も入手しながら無視してしまっていました）。

原発の「安全神話」が浸透した日本

日本では、むしろスリーマイル島事故があった一九七九年にイラン革命に連動して起こった第二次石油危機に、より国民の注目が集まりました。すでに第一次石油危機で苦労した日本では、この第二次石油危機で一層石油に代わるエネルギーとして原発を重視する議論が強まり、八〇年には石油代替エネルギー法が制定され、原発に大きな比重を置くようになりました。国民も独自のエネルギー資源をほとんど持たない日本の現状をよく認識し、原子力エネルギーに対する期待を大きくしていったことは確かでした。

それに、日本においても、当時から原発事故は頻発していましたが、多くは報告されていませんでした（これも福島第一原発事故以後にわかりました）。たとえ、わかったとしても、たとえば、二次冷却の給水系の故障が七三年七月に関西電力の福井県美浜原発で発生していたことが判明しても、電気事業連合会の平岩外四会長は、「日本の原発は、炉型、機械、操作員などの面からアメリカのような事故が発生する恐れはないと信じる」と言えば良かったのです。

このような政府、政界、電力業界、原子力研究機関など一枚岩となって、日本の原発は安全であると言い続けていたら、国民もそれを信じるようになり、「安全神話」となっていきました。安全神話が広く国民の間に浸透したので、日本の原子力共同体（「原子力ムラ」といわれるようになりました）は、一九七〇年代に噴出した様々の困難を克服し、八〇年代には安定期を迎えたように見えました。

「原発増設時代」となった八〇年～九〇年代の日本

まず、通産・電力連合は、軽水炉の設備利用率低迷を克服し（一九七〇年代に全国平均で四〇％～六〇％に過ぎなかった原発の稼働率は一九八〇年代から二〇〇〇年代初頭にかけては七〇％～八〇％の高率に達しました）、毎年二基という原発建設のペースを維持することができ、一九八〇年代に運転を開始した発電用原子炉は一六基を数えました。さらに一九九〇年代に入ってからも一五基が新たに運転を開始し、一九九七年末の段階で、日本の発電用原子炉の総数は五二基、総発電設備容量は四五〇八万キロワットに達しました。

事実、九電力会社の発電量のシェアを見ると、一九八〇年度では原子力一七・六％であったのに対して一九九五年には三七％とこの一五年間に原子力が倍以上に増加していることがわかります。

このように一九八〇～九〇年代に原子力発電が順調に伸びたのは、「安全神話」が支配した日本だけで、世界の原子力発電事業は、それまで急速に事業を拡大してきたフランスも含めて、軒並み停滞状態に陥っていました。

つまり、スリーマイル島原発での深刻な事故は、アメリカでは「原発暗黒時代」をもたらしましたが、日本ではこの事故の教訓が原発に関係する行政や産業にはまったく活かされず、むしろ、「原発増設時代」となったのです。

一九八六年にはさらに大きなチェルノブイリ原発事故が起きましたが、中曽根首相は「日本はソ連とは原子炉の型が異なり安全性が確保されている。あれは原発の事故というよりもソ連の事故である。日本ではまったく起きません」と答弁して国民の懸念を一蹴しました。日本の「安全神話」はびくともしなかったのです。二つの人類史的大惨事に日本だけが何ら鑑《かんが》みることなく、その後二二基から五四基にまで原発を増設する異常な国家となっていきました。

《四》第四期―原発事故・事件の続発と開発利用低迷の時代(一九九五～二〇一〇年)

それまで年平均二基程度ずつ行われてきた原発の建設が一九九七年で一旦途切れ、次の原発の完成予定時期まで五年間のブランクができることとなりました。それは一九九〇年代に入り、日本のバブル経済が崩壊し、長期不況によってエネルギー需要が頭打ちとなり、原子力発電の安定成長時代も終わったからでした。この時期には、戦後、原発が持つ本質的な問題点にまったく手をつけずに先送りにして、「安全神話」で塗り固めて維持してきた日本の原子力政策が実質的に破綻し始めた時期でした。

四大基幹プロジェクトの破綻

「安全神話」とカネで作られた原子力行政は、（原子力の基礎研究不足と人材不足から）実力が伴わないものであったことは、まず、科学技術庁グループのプロジェクトからわかってきました。科学技術庁グループが、自らが育ててきた四大基幹プロジェクト全てが、存亡の危機に立たされるようになったからです。

まず、**新型転換炉ＡＴＲ**については、一九七〇年に福井県敦賀市に原型炉「ふげん」が建設されました。続いて実証炉は青森県下北郡大間町に建設される予定でしたが、高コストを理由に電力事業者から採用を拒否された（実証炉の建設費は一九八四年には三九六〇億円と想定されていましたが、一九九五年には五八〇〇億円に増加していました）ため、実証炉以降の開発計画はすべて取りやめとなり、一九九五年八月、電源開発株式会社による実証炉建設計画が正式に中止されました。

これに伴い動燃のATR原型炉「ふげん」も、二〇〇三年に閉鎖されました（現在、日本原子力研究開発機構・原子炉廃止措置研究開発センターによる廃炉作業が行われていて、運転を終了した二〇〇三年から二六年かけて解体される予定になっています）。

追い打ちをかけるように一九九五年一二月、動燃の高速増殖原型炉「もんじゅ」がナトリウム漏洩《ろうえい》火災事故を起こし、核燃料サイクルは実態を伴わないものであることがすぐわかりました。技術的困難を顧慮せず、二〇〇四年原子力委員会は核燃料サイクルの維持を再度確認、二〇一〇年に「もんじゅ」は運転を再開しましたが、臨界からわずか二〇ヶ月後で、冷却材ナトリウムが漏れて鉄床に穴を開け炉心崩壊に結びつきかねない火災事故を起こして運転中止となり、無期限の停止状態に入りました。その次のステップとして構想されていた高速増殖炉実証炉の建設計画も白紙となりました。

この結果MOX燃料を通常の原発で燃やすプルサーマル計画が浮上、プルトニウムが混入されているため、事故が発生すれば災害が倍化されるMOXが、二〇〇九年より玄海、二〇一〇年より伊方、福島第一の各原発で使用が開始されました。

さらに一九九七年三月、動燃の東海再処理工場で廃棄物を詰めたドラム缶が爆発し、火災事故を起こし、再処理技術自体も未確立のままであることがわかりました。続いて、一九九九年九月、民間ウラン加工会社ＪＣＯ東海事務所で国内初の、ＩＮＥＳのレベル四に達する臨界事故が勃発、作業員二人が被爆で死亡、被爆者六六〇余人を出しました。作業は裏マニュアルに従って行われ、監督官庁の科学技術庁は七年間もＪＣＯに立ち入り調査を行わなかったズサンな実態も明らかになりました。

また科学技術庁から引き継ぐ形で、日本原燃株式会社が一九九〇年代から青森県六ヶ所村において、ウラン濃縮工場と核燃料再処理工場の建設を開始しましたが、そのペースは遅延に遅延を重ねることとなりました。今や核燃料サイクル施設は、六ヶ所村に集中していますが、二〇〇六年三月、六ヶ所再処理工場はようやく試運転にこぎ着け、プルトニウムの初抽出に成功しました。しかし、今度は国産技術を唯一導入したガラス固化体（高レベル放射性廃棄物）の製造設備が機能せず、竣工は一八回も延期されました。仮に竣工できたとしても、ガラス固化体の最終処分場が決まらないことには大きな不安材料であります。

竣工が大幅に遅れている六ヶ所再処理工場では、全国の原発から受け入れる使用済み核燃料を受け入れることができず、電力各社の原発サイトの貯蔵プールに溜まり続け、満杯になれば原発が止まることを意味します。ところが、二〇一一年三月の福島第一原発事故によってエネルギー計画の新増設の一四基どころか、既存の原発も長期停止に追い込まれる事態となり、ほとんどの原発が止まっていて、現在は使用済み核燃料はあまり増えませんが、そのうち原発再開が増えて運転すればするほど貯蔵プールの満杯が近づくジレンマを抱えています。このように原発政策は福島第一原発事故が起きる前から、にっちもさっちも行かなくなってきていたのです。

原子力行政の権限を握った経産省

「安全神話」で塗り固められた一九九〇年代、二〇〇〇年代の原発行政において、二〇〇一年一月の中央省庁再編により誕生した経済産業省は、かつての通産省よりも大幅に強い権限を原子力行政において獲得しました。それに対して科学技術庁の後裔《こうえい》の文部科学省の原子力に関する主たる業務は、日本原子力研究開発機構（核燃料サイクル開発機構及び日本原子力研究所を統合して二〇〇五年一〇月発足）における研究開発事業だけとなってしまいました（つまり、旧科学技術庁の国産化技術の後処理だけ）。原子力委員会と原子力安全委員会は、科学技術庁という実働部隊を持たない内閣直属（内閣府所轄）の審議会となり、原子力委員会委員長は民間人が務めることになりました。

そして安全規制行政の実務を一元的に担当する組織として、経済産業省の外局として原子力安全・保安院が発足しました。つまり経済産業省が商業原子力発電の推進と規制の双方を担うこととなりました。原子力行政は従来の「二元体制」から、二〇〇一年以降は経済産業省の力が圧倒的に優位となり国策共同体になったといわれました（アメリカの規制体制は最初一本でしたが、その弊害があり、二つに分けたことは述べました）。

電力自由化問題を抑え込んだ「原子力ムラ」

この時期における最重要の政策課題は一九九〇年代から起きていた電力自由化問題でした。一九九〇年代には構造改革を求めるアメリカの圧力や、日本のバブル崩壊後の経済・財政再建を目指す歴代政権の意思などを背景として、日本でも自由主義改革の波が押し寄せました。欧米においても電力の自由化が進められました。

一九九七年の記者会見で、佐藤信二通産相は「発電と送電との分離はタブーとされていたが、大いに研究すべきだ」と発言しました。通産省幹部の自由化論の狙いは、電力会社の地域独占と総括原価方式を崩す発送電分離、そして核燃料サイクルの見直しでした。すべてが合理化を迫られる厳しい時代に、総括原価方式も核燃料サイクルもその正当性を説明することが不可能になっていたのです。

発送電分離は二〇〇一年の総合資源エネルギー調査会の分科会で議論が始まり、翌年には東電の原発トラブル隠しが発覚し、トップ四人が退任に追い込まれ、発送電分離は成るかと思われましたが、最終的には自民党電力族の反対で葬られました。

二〇〇四年に核燃料サイクルの見直し論議が起きたときに経産省の自由化論者は「一九兆円の請求書」と題した文書を持ってロビイング（ロビー活動。この場合は、経産省の官僚が政治家などを説得する活動）をしたと言われています。文書は再処理工場の操業コストは最小でも一八・八兆円、最大で五〇兆円かかる、高速増殖炉が実用化できないと再処理効果は極めて限定的という内容だったといわれています。しかし、これが本当のところだったのでしょう。

ところが、自由化論は、電力消費の頭打ちに直面していた電力業界に多大な不安を与えました。その最大の懸念が、原子力発電の抱える高い経営リスクであり、政界の自民党電力族、経産省、電力内の「原子力ムラ」が盛り返して、自由化論を抑え込んだといわれています。

二〇〇二年、自民党電力族のイニシアチブによりエネルギー政策基本法が制定され、その中で市場原理の活用に箍《たが》がはめられました。こうして経産省の発送電の自由化論は再び封印されてしまいました。電力業界の主張する「国策民営」の古い秩序が辛くも護持されました。「国策民営」とは、原子力は、基本計画を政府が作り、民間企業が実施するという体制です。自民党のある政治家は「核燃料サイクルが無理なのは全部わかっている。だから六ヶ所はずっと〝試運転〟をしていればいいんだ。動くと言い続けないと、原子力の神話が崩れてしまう」と言ったといわれています（『東洋経済』二〇一一年六月一一日号）。

そして原子力ムラの弱みの裏返しとして、それを否定する根拠なき原子力立国論の旗が掲げられました。

根拠なき原子力立国計画

電力自由化問題を封じ込めて、原子力共同体は一体性を取り戻しました。それが政策文書における表現上の変化として現れたのは、内閣府原子力委員会の新しい原子力政策大綱（二〇〇五年一〇月）においてでした。

その一年後には経産省総合資源エネルギー調査会電気事業分科会原子力部会の原子力立国計画（二〇〇六年八月）が策定されました。そこには原子力開発利用を従来にも増して政府主導で強力に推進する方針が満載されていました。その骨子がエネルギー基本計画（二〇〇七年）にそのまま取り入れられました。

この自信は原発の輸出にも現れていました。二〇〇〇年に原子力委員会の長期計画に原発設備の海外への売り込みが明言され、それは二〇〇五年の閣議決定「原子力政策大綱」に引き継がれ、経産省資源エネルギー庁の「原子力立国計画」の中で具体化されていきました。

こうして日本の国策が原子力立国、原発大国に定まった自信の上に（単なる官僚の作文にすぎず、原子力技術に何ら変化があったわけではありませんが）、二〇〇六年、電機産業界でも原発メーカー東芝はアメリカの原子力企業ウェスチングハウス社の商業用原子力部門を買収、二〇〇七年、原発メーカー日立はアメリカのＧＥと合弁会社を設立し、ここに原発多国籍企業が成立しました。同じく二〇〇七年原発メーカー三菱重工業はフランスのアレバ社と合弁会社を設立しました。

この日本の原子力機器メーカーのその後（惨憺《さんたん》たる結果）については、すでにイギリスとフランスの原発開発のところで述べました。

ＷＨは、イギリスの原発の歴史で述べましたように、一九九九年にイギリス企業へ一二億ドルで売却されていました。それを東芝は五四億ドル（当時のレートで約六四〇〇億円）と四・五倍もの高値で買い取ったのです。これによって、沸騰水型原子炉（ＢＷＲ）メーカーの東芝（もともとＧＥから技術導入）は、加圧水型原子炉（ＰＷＲ）メーカーのＷＨを子会社化することで、アメリカ市場への進出を手始めに、原子力ビジネスにおける「世界のリーディングカンパニー」となる目論見だったといわれています。しかし、福島第一原発事故で欧米の原発規制が厳しくなり、すべての原発プロジェクト費用は二〜三倍になり、中断しています。多くのプロジェクトで損失を被った東芝は、虎の子の半導体部門や医療機器部門を切り売りしていましたが、二〇二一年四月にはついに東芝自身をイギリスの投資ファンドのＣＶＣキャピタル・パートナーズへ身売りすることを検討していると報じられました（その後、東芝本体を三分社にすることにしたようです）。

日立、三菱重工も海外原発プロジェクトが全滅し、手痛い損失を被ったことは、同じくイギリス、フランスの原発開発の歴史で述べました。

原発に見切りをつけていた先進国

この時期は、何といっても、良くも悪くも原子力産業の第一人者であったアメリカが、ついに、原発の将来性に見切りをつけた時期でした。アメリカは前述しましたように大型化によるコストダウンで一〇四基まで順調に伸ばしましたが、スリーマイル島事故以来、コストが高くなり、三〇年間、まったく売れず、また、太陽光発電のコストダウンの状況（彼らは第二次世界大戦後のほとんどあらゆる新規産業を立ち上げ、その将来性を見極める感覚が発達しています）などを勘案して見切りをつけて、原子力部門を売りに出したのです（世間知らずの日本が〝ババ〟をつかまされたのです）。

二一世紀に入ると、客観的に見て原発は峠を越えた技術でしたが、遅れてきた（戦前の日本もそのようなことがありました）日本の企業がこれを高く買ったり、提携したりしたことは、フランス、イギリスの原発開発の歴史でも述べました。それを資源エネルギー庁の官僚が根拠なき自信で、原子力ルネサンス、原子力立国計画と作文で応援し、安倍首相を先頭として途上国への輸出に躍起になったのです。

原発大国フランスの原発メーカー・アレバ社も、福島第一原発事故後は内外で受注していた原発が安全性の面から建設費が数倍に膨れ上がり、建設期間が延びて、トラブルが起き、赤字が続き、二〇一七年には破綻し、体制転換があったことはフランスの原発開発の歴史で述べました。これは日本の原発メーカーについても言えることです。

福島第一原発事故以降、日本の原発のほとんどが長期停止になりました。核燃料の需要が落ち込み、日立、東芝、三菱重工の主要原発メーカーは、原発再稼働の遅れで採算が厳しい核燃料事業の統合に向けて調整に入っています（二〇一六年）。これが将来、原子炉事業にまで及ぶことになるかは不明です。

福島第一原発事故後も、日本政府は「原発輸出」の旗は降ろさず、「成長著しいアジアでの原発輸出市場の扉を開く」として力を入れていましたが、ベトナム、トルコなどへの輸出は全滅しました。やはり、福島第一原発事故を総括しないで輸出戦略を進めるという政府のやり方には無理があるようです。

所詮、実力のないものはいずれは馬脚を現します。原子力の場合、戦時中のマンハッタン計画、ヒロシマ、ナガサキ、戦後の米ソ冷戦など、不幸なことが続き（戦後、航空機技術などと同じように日本独立まで原子力技術開発は禁止されていました）、日本では原子力工学の基礎研究がほとんどなされませんでした（人材も育ちませんでした）。一応、イギリスそしてアメリカとのターンキー契約で技術導入が始まり、企業は安くできるようになりましたが、アメリカの圧倒的技術の後追いをするのが精一杯で、自前の技術開発をあまり行ってきませんでした。とても自動車産業やエレクトロニクス産業などのような技術的な基盤、層の厚さを欠いていました。なぜ、これが原子力立国、原発輸出大国になりうるか、いぶかる識者も多くいました。

原発の老朽化問題

原子力行政を一手に握った経産省は、かねてから電力業界が最も望んでいた既存原発をできるだけ長期間運転させることにも着手しました。すでに一九九〇年代末から、一九七〇年代に運転を開始した老朽化しつつある原子炉の廃炉問題が緊急の課題となってきていました。かつて科学技術庁の原子力委員会の廃炉対策専門部会は運転開始より三〇年程度としていましたが、もはや科学技術庁はなくなり、経産省がすべての権限を握りました。

政府は一九九九年、福島第一原発一号機など三基の寿命延長計画を認め、二〇〇五年には原発の運転を六〇年間とすることを想定した対策をまとめました。三〇年を六〇年にしてよい科学技術的な根拠はあるのでしょうか。たとえば、強い放射能を内部から常時浴びる原子炉の金属材は当然経年変化で脆くなります。最初、三〇年で設計建造した原子炉材が六〇年経っても当初必要とした強度を十分保ってあまりあるという実験データが必要です。これこそ原子力委員の先生方の専門分野です。そのチェックが入ってのことでしょうか。

老朽化で運転を終える原子力発電所の廃炉処置の困難さに加えて、二酸化炭素排出削減策として原発の寿命を延ばそうとする必要性があったのです。しかし、その前に科学技術的な安全性のデータがあって初めて寿命の延長が可か不可が論じられなければなりません。

二〇一〇年三月に、営業運転期間が四〇年以上に達した敦賀発電所一号機をはじめとして、長期運転を行う原子炉が増加する見込みであることから、これらの長期稼働原子炉の安全性が議論となっていましたが、まさに福島第一原子力発電所事故（二〇一一年三月一一日）の約一ヶ月前に、既存の原子力発電所の延命方針が打ち出され、民主党政権時の二〇一二年に、自民党、公明党も賛成して法改正で定められました。廃炉が進みすぎると電力不足に陥りかねないという懸念から、原子力規制委員会が一回だけ「極めて例外的に」最長二〇年延長できるとしました。

このように、福島第一原発事故以降も、原発寿命延長問題は見直されることはなく、関電は出力が比較的大きい美浜三号機と高浜一号機、二号機の運転延長を目指して規制委に審査を申請し、二〇一六年六月に関電高浜原発一、二号機、二〇一六年一一月に関電美浜原発三号機について、二〇年間の運転延長が認可されました。運転開始から三五年を超えた原発はさらに四基あり、近く運転延長の申請が出される見通しです。

原発一辺倒になった日本のエネルギー政策

この「原発大国」意識と諸問題を封じ込めた複雑な原子力政策は自民党政府のみならず民主党政府にも、そのまま引き継がれ、二〇一〇年六月、菅首相下の閣議は二〇年後の電力の五〇％以上を原発で賄うため、最低でも原子力発電所一四基を増設すると決定していました。

この日本のエネルギー政策の背景には地球温暖化問題がありました。「京都議定書」が締結された翌年の一九九八年、通産省は「二〇二〇年までに原発を二〇基つくる」という計画を公表し推進しました。ドイツのエネルギー政策は地球温暖化の問題が出始めた頃から、再生可能エネルギーにシフトしていったのに対し、日本政府は、とにかく、現状（電力業界の現状維持）の延長、つまり、地球温暖化問題には原子力を伸ばしていくしかないと決めつけてエネルギー政策を立てたようです（その背景には、前述しましたような積り積もった原発の経営上のリスクがあり、これは変えられないという意識もあったのでしょう）。

一九九〇年代後半から福島第一原発事故が起きる二〇一一年まで、起きた後安倍政権になってからのエネルギー政策が、かつての通産省（経産省の前身）の柔軟なエネルギー政策であるベストミックス、つまり、いろいろなエネルギーをベストにミックスして使うというエネルギー政策より、より硬直化してしまいました。

その当時（二〇一一年三月の福島第一原発事故が起きる前）の国のエネルギー政策であるエネルギー基本計画は、二〇一〇年六月に改正されていましたが（福島第一原発事故が起きる九ヶ月前で、このときは民主党政権でした）、その一部を抜粋しますと、

「……具体的には、今後の原子力発電の推進に向け、（中略）…まず、二〇二〇年までに、九基の原子力発電所の新増設を行うとともに、設備利用率約八五％を目指す（当時は五四基稼働、設備利用率は二〇〇八年度約六〇％）。さらに、二〇三〇年までに、少なくとも十四基以上の原子力発電所の新増設を行うとともに、設備利用率約九〇％を目指していく。これらの実現により、水力等に加え、原子力を含むゼロ・エミッション電源比率を、二〇二〇年までに五〇％以上、二〇三〇年までに約七〇％とすることを目指す」とあります。

ゼロ・エミッション、つまり、全く二酸化炭素を出さないものの電源比率という基準を

設けて、「水力等に加え、原子力を含む」といかにも水力が主力のようにしていますが、もう、水力は数%にすぎないのですから（「等」には太陽光発電なども入るでしょうが、この時は太陽光発電もかつてより比率を落とし一%以下でした）、実質は原子力が主であり、二〇二〇年までに五〇%、二〇三〇年までに七〇%にすることを目論んでいたのでしょう。

二〇一一年の福島第一原発事故が起きるまで、国民も政治家も日本のエネルギー計画などに注目しなかったでしょうが、官僚と電力業界では原子力を七〇%にもする原子力一辺倒の計画が福島事故の九ヶ月前に成立していたのです。

「安全神話」と原子力官僚の不作為

これから述べるのは、「安全神話」で塗り固めることに成功した通産・電力グループが主として第四期の一九九〇年代以降、数々の不作為をやっていたことです。つまり、やるべきことをやっていなかったことで、このこと自体が、二〇一一年の福島第一原発事故以降の各種調査でわかったことです。これらのことをまじめにやっておけば、福島第一原発事故そのものが防げたかもしれません。

前述しましたように一九七九年スリーマイル島事故後、アメリカが原子力安全基準を変更したものを手に入れながら握りつぶし、一九八六年のチェルノブイリ事故も無視したことは述べました。

それ以降も、津波堆積物調査、安全設計審査指針、米原子力規制委員会（NRC）のSBO（全交流電源喪失）規則との比較検討会議、安全設計審査検討会、定期安全レビュー、スマトラ沖地震での原子炉停止、耐震設計審査指針検討会、アメリカでの「B・五・b」視察（二〇〇六年、二〇〇八年）などがありましたが、要するに原子力官僚はすべてを無視したのです。

福島第一原発事故を防いだかもしれない米NRC規則

その中で「B・五・b」について記しますが、これをやっておけば、福島第一原発の爆発事故は防げたかもしれません。これは二〇〇一年九月一一日に航空機を使った同時多発テロで枢要な施設を攻撃されたことを受けて、アメリカ政府の原子力規制委員会（NRC）が原発のテロ対策として二〇〇二年に打ち出したもので、「原子力施設に対する攻撃の可能性」に備えた特別の対策を各原発に義務づける命令を出していました。それはのちに「B・五・b」と呼ばれるようになり、アメリカでは原子力業界の知恵を取り込みながら進化していくものでした。

その具体的内容の多くは福島第一原発事故の五年も前に「保安関連情報」として経産省の原子力安全・保安院には秘密裏に提供されていました。

その「B・五・b」の対策は、三つの段階（Phase）に分けられ、段階的に整備・充実を図っていく手法が採られています。

第一段階（Phase1）は、事前に準備しておく資機材や人員についてで、二〇〇五年二月二五日にNRCのスタッフが指導文書を出しました。第二段階は使用済み燃料プールについて、第三段階は炉心冷却と閉じ込めについて、それぞれ取り上げており、二〇〇六年一二月、原子力業界が指導文書をまとめ、NRCは同月二二日にこれを承認しました。

これら「B・五・b」が想定する事態の一つが全電源喪失でした。「B・五・b」の指導文書では、それへの対策は、発電所内外の直流電源も交流電源も使えない状態で実施可能なものでなければならないとされています。こうした備えが実際になされているかどうか、NRCは各原発での実地検査でチェックしていました。

その検査結果報告書には、たとえば、次のように書かれていました。「検査官は、被害緩和戦略の実施のために準備されている可搬の装備が十分かを評価した。」評価対象の装備には、屋外の消火栓、ホース置き場、屋内の水供給パイプ、ホース置き場、可搬のディーゼルポンプと吸引・発射ホースなどが含まれています。検査官はまた、「『B・五・b』関連装備が非常時に使えるかどうか」という観点から、その保管場所を評価しました。たとえば、一〇〇ヤード以上、プラントから離れているかなどです。

発電所のスタッフとの議論や、文書の閲覧、プラントの踏査によって、検査官は、原子炉隔離時冷却系（RCIC）が交流電源や直流電源がない状態で手動で制御できるかを評価しました。検査官は、「直流電源なしのRCIC手動制御」という発電所の手順書にその方法が示されていることを確認しました。発電所のスタッフとの議論や、文書の閲覧、プラントの踏査によって、検査官は、可搬の一二五ボルト直流電源でソレノイドを励磁することで逃し安全弁を開ける戦略を評価しました。

検査官は、原子炉圧力容器の減圧と可搬ポンプによる注水を可能にする方法が「外部直流電源によるSR弁操作」などの発電所の手順書に示されていることを確認しました。発電所のスタッフとの議論や、文書の閲覧、プラントの踏査によって、検査官は、交流電源や直流電源、プラント供給の圧縮空気のない状態でベント弁を手動で開ける事業者の戦略を評価しました。検査官は、ベント弁を開ける方法が「交流電源なしのベント」という発電所の手順書に示されていることを確認しました。また、発電所のスタッフがそのための訓練を受けていることも確認しました（まさに福島第一原発事故で、東電の技術者は暗闇の中で設計図を開きガイガーカウンターの音を聞きながら、見たことも触ったこともないベント弁を手動で開けようと地獄の苦しみを味わうことになりました）。「B・五・b」の想定内容と福島第一原発事故を比較してみると、さすがは現実的なアメリカだと思います。アメリカ内の原発（当時の一〇四基）を対象に全電源喪失事故に対応するため、持ち運びできるバッテリーや圧縮空気のボルトなどの配備、ベント弁や炉心冷却装置を手動で操作する手法の準備、これらの手順書の整備や運転員の訓練などを義務づけて、しかも検査していたのです（後述します福島第一原発事故で問題となったことがすべてアメリカでは事前にわかっていて検査させ、訓練させていたのです）。

そのような虎の巻を手に入れたなら、誰だってわが社でも、わが国でもと、やらせるのが当然でしょう。手に入れなくても、そのような危険なものと同居しているのなら、一旦事あるときにどうするか、本気でマニュアルを作って組織に徹底させるのが当然でしょう。原発内で何一〇年も仕事をしながら、日本の官僚も企業の社員も、まったく霞が関のオフィスビルで仕事をしていると同じと思っていたのでしょう。

表一　アメリカ太平洋軍の「支援リスト」（網掛けは実際に提供されたことが判明）

❶放射能の管理及び除染
・防護服
・放射線測定器
・防護マスク
・フィルター
・ヨウ化カリウム錠
・除染施設の提供
・放射線管理の技術者派遣
・米エネルギー省の支援
・無人機による撮影
・放射線モニター
・水のサンプリング
❷原発の安定化
・電源装置を含む高性能ポンプ
・ホース
・遠隔操作できる車両・航空機
・移動式発電機の提供
・無人機による原子炉建屋直上の放射線測定
・工兵大隊の派遣
❸人道、後方支援
・病院船
・軍用車両や軍用機
・揚陸艦の派遣
❹科学技術に関する支援
・大気測定装置
・空中放射線収集装置による放射線検知
・無人地上偵察装置による汚染地域の地図作製

（出典）「朝日新聞」（2011年５月22日刊）をもとに作成

資源エネルギー庁の元幹部によると、保安院は二〇〇六年と二〇〇八年にアメリカに職員を派遣し、NRC側から「B・五・b」に関する詳細な説明を受けました。その後、保安院は「B・五・b」の対策を、国内の原発の事故対策や安全規制にどう活用するか検討を続けました。だが、原発での全電源喪失やテロは「想定外」として緊急性の高い課題とは考えず（これほど緊急性の高いことが他にあるでしょうか）、電力会社や内閣府原子力委員会などに伝えていなかったと言っています。

日本の企業だって、普段から本気で全電源喪失のサバイバルゲームを考えていればこのような準備ができたはずで、五〇年経っても（技術導入してから）アメリカ頼りはほめられたことではありません。それが日本の原発メーカーの実力であり、原発運営会社（電力各社）の実態です。それが原発システムを輸出するというのですから聞いてあきれます。まったく責任を感じていないとしか言いようがありません。

二〇一一年三月一七日、オバマ大統領は菅直人首相に電話して支援を約束、アメリカ太平洋軍がその日のうちに防衛省を通じて、首相官邸に提出した「支援リスト」の全容が、二〇一一年五月二二日の「朝日新聞」に出ていました（一六九ページの表一参照）。

これを見ると、原発はテロを含めて、実戦さながらの危機管理が必要であることがわかります。あらためて原発が核兵器と同根であることを認識させられます。日本では本当の原発がわかるものが首相の周りに（東電にも）一人もいませんでしたが、アメリカでは「B・五・b」を実践していたものがゴロゴロいたのです。したがって、リストにある工兵大隊の派遣でなくても、「what if」（もし……だったらどうなるか）がわかる人間を一人でも首相や吉田所長に派遣してもらっていれば、水素爆発やあのような混乱は防げたでしょう。

電力会社も同じだった

「地震は忘れた頃に起こる」と言われますが、最近を見ても、一九九五年の兵庫県南部地震（阪神淡路大震災）、二〇〇四年の新潟県中越地震、二〇〇七年の新潟県中越沖地震、二〇〇八年の岩手・宮城内陸地震、そして二〇一一年の東北地方太平洋沖地震と起きています。

津波も一八九六年明治三陸沖地震（一五～三八メートル）、一九三三年昭和三陸地震（最大二八・七メートル）、一九四四年東南海地震（六～八メートル）、一九四六年昭和南海地震（四～六メートル）、一九六〇年のチリ地震津波（五～六メートル）、一九六八年十勝沖地震（三〜五メートル）、二〇〇三年の十勝沖地震（四メートル）などが起きています。これらはすべて現代のことでデータがあるものばかりです。

日本では実際には地震も津波も「忘れるいとまもなく起きている」のです。日本が地球上でそのような位置にある、つまり、地震も津波も頻発するようなところに位置している（大陸国家とはちがう）ことは今ではプレートテクトニクスの理論でも裏づけられています。

そのような〝やわで断層に満ちた国土〟（国土そのものが二五〇〇万年の歴史しか持っていない若い土地にプレートで運ばれた土が付加したもの）に、地震も津波もほとんどないアメリカで開発された原発をそのまま建設していたことは（しかもたった二〜三キロで人口密集地がある）前述しましたが、続発する大地震にさすがに原子力行政も無視できなくなり（阪神淡路大震災などから）、学界、研究機関、審議会などが報告書を出して警告していました。原子力安全委員会も二〇〇六年九月、原発耐震指針を二八年ぶりに改定しました（耐震設計審査指針改訂版二〇〇六年九月一九日）。

東京電力は、この原発耐震指針の改定を受けて、また、「貞観《じょうがん》津波（八六九年、平安時代）」の実態など有識者の意見を踏まえた国の地震調査研究推進本部の見解をもとに津波の波高などを試算しなおしました。

このとき電力業界がどのように対応したか、二〇二〇年三月一五日のＮＨＫスペシャル『原発事故は防げなかったのか〜見過ごされた〝分岐点〟〜』で以下のように報じていました。国民誰しも地震や津波に敏感であるべきですが、その専門家たるべき電力会社や原子力行政官がどう行動していたかが、この報道番組で明らかになりました。

科学技術庁が行った「地震の発生確率の予測を行った長期評価」（二〇〇二年。東北沖の日本海溝ではマグニチュード八クラスの巨大地震はどこでも起きうるという結論）にどう対処するか、二〇〇七年一二月、この東北地域に原発を持つ東電、東北電、原電、原子力安全基盤機構（ＩＮＥＳ）の四者が会合を持ちました。ここでは東電の担当者は「津波はどこでも起きうる、最大限の対策をすべきである」と言っていました。

東電内部で試算したところ、明治三陸地震（一八九六年。マグニチュード八・二〜八・五。三陸沖で最高三八・二メートルの津波発生）と同規模の地震が起こると仮定し、海水取水口付近で津波の高さ八・四〜一〇・二メートル、津波遡上《そじょう》高さは一〜四号機で一五・七メートル（東北地方太平洋沖地震発災時に来た津波と同じ高さでした）、五号機・六号機で一三・七メートルとなりました。

そして、その対策に非常用海水ポンプの機能付与、建屋の防水性の向上、防潮堤の設置など、約八〇〇億円の費用（国会事故調査委員会報告書によります）と四年の工事期間を見積もって、二〇〇八年七月三一日に、当時の武藤栄原子力・立地副本部長と吉田昌郎設備管理部長（この度の原発事故の技術面の当事者となりました）に上げたところ、（この頃東電幹部は二〇〇七年七月の中越沖地震による東電柏崎刈羽原発の火災事故の対応に追われていました。損害は数千億円になる見込みでした）、武藤副本部長は「別の専門家の意見を聞くように」と言って、保留にしてしまいました。（担当者はあの時「最低限の対策をしておけばよかった」と悔やみました。たとえば、非常用電源だけでも地下から二階に上げておけば事態は変わっていたかもしれません）。

この方針転換の直後、東電担当者は前述の会合の各社へ「現時点での長期評価の採用は時期尚早ではないか。関係各社の協調が必要である」という主旨のメールを送っていました。

これは原子力保安院がバックチェック制度を原発各社に課していたからです。それは、電力会社が最新研究をチェックして、国に報告する→保安院はその報告を受け（委員会の意見を聞いて）審査する→国は評価結果を公表して、原発の安全性が高まることが期待されるという制度でした（日本的官僚主義の「右習え」の仕組みです。提案の中で最も「良い」案を採用するのではなく、最も遅れたもの、最も低いレベルに合わせる「護送船団方式」の仕組みです）。

このメールを受けて各社は東電の考えに同じであると同意しました。ある会社は盛り土工事などをしましたが、「長期評価」に基づく津波対策とは公表しませんでした。電力業界の元幹部は「なぜあそこ（の原発）は（対策を）やっているのに、うちはやらないんだと（メディアなどに）疑問が持たれる。原発の地元もそう言い始める。それは非常に電力会社にとって都合が悪いことである」と述べていました。電力会社の横並び体質がそうさせたのです（普通の民間会社は絶えず競争をしています。国有会社や公共機関、電力会社、官庁など経済感覚のない組織はどこでも横並び体質があります。これでは日本が平成三〇年間で先進国で最低レベルに急落するはずです）。

その他にも、地震、津波については、いろいろな報告書や論文、シミュレーションが出て、その都度、前述の四社で打ち合わせをしましたが（省略します）、結局、「現時点での……の採用は時期尚早ではないか。関係各社の協調が必要である」という主旨のメールを送って終わったようです。

いずれにしても、東京電力はこれらの試算をもとにした具体的な津波対策を取っていませんでしたが、一五メートルを超える津波の遡上も予測され想定されていたのです。ですが、現実、津波が起きると、電力会社も行政も「想定外の津波であった」とこれまた、横並びを決め込んでいました。

以上、中央官庁も東電も、そろいもそろって、事実を事実として見ようとせず、いつものように大過なくまとめて、いつものような予算と人で事をすましていたのです。そして、すべてが（東電トップ三人は裁判で責任を問われましたが）事故後は「あれほど大きな津波は想定外だった」と言っています。いずれも官僚や会社の官僚的人間の不作為から起きたことでした。

相次ぐ原発事故

一九九五年一月一七日の阪神淡路大震災によって巨大地震の活断層の恐ろしさをあらためて知らされました。この《四》第四期―原発事故・事件の続発と開発利用低迷の時代（一九九五～二〇一〇年）は最初から巨大地震の切迫問題が重くのしかかっていたはずです。地震の問題は、一九五〇年代、商業用原子炉発電の可否をめぐっての激しい論争の時点からの最大のポイントであったはずです（地震国日本では当然のことです）。阪神淡路大震災後は、原発の老朽化＝地震による過酷事故発生の可能性を身近に感じたはずですが、原発関係者がこれで何を感じ、どう動いたのか、はっきりしません（スリーマイルでもチェルノブイリでも動かなかったのですから、多分、何もしなかったのでしょう）。

しかし、現実は動いていました。二〇〇四年八月、関西電力美浜原発第三号機（七六年一二月運転開始。四〇年後の二〇一六年一一月一六日に二〇年延長して六〇年間運転の認可を受けました）の配管が破裂、蒸気が噴出し、作業者五人が死亡、六人が重傷を負いました。この原発事故は老朽化原子炉事故の典型的なものとなりました。老朽化による配管の減肉をこれまで点検せずに放置し、しかも点検作業には発電を停止すべきところを、営業を優先させて運転稼働のまま点検させていたのです。

監督官庁の政府も姑息《こそく》な手段を取っていました。政府は廃炉措置を電力会社に取らせるのではなく、原子炉の運転が三〇年を越えた場合、道県に共生交付金を、そしてプルサーマルを実施する道県には核燃料サイクル交付金を支給する危険かつ非科学的な手段を取ったのです（補助金をやるから、原発を継続しろということになります）。

二〇〇四年一〇月の新潟中越地震では柏崎刈羽原発が停止し、二〇〇五年八月の宮城県沖地震では宮城県女川原発の耐震設計想定震度を二〇〇ガルも上回る数値を示しました。

二〇〇七年七月の新潟中越沖地震では想定の二倍以上の揺れを示し、原発敷地内に一六〇センチもの段差を作り出し、その結果、耐震補強工事で二年近く刈羽原発は運転を停止しました。

電力会社も、「安全神話」から、万一にも事故があってはならないとしたので、起きてしまった事故は社内で隠蔽《いんぺい》されたり、捏造《ねつぞう》されたりしました。そのような電力会社の隠蔽、捏造の事実は、最近になって（福島第一原発事故以降）、何年、何一〇年前のものまで次々とわかってきていますが、ここではいちいち述べることはしません。しかし、前述しましたように、原発の運転期間は四〇年から六〇年に延長されましたが、これらの頻発した老朽化事故とどう関係するのか、しないのか不明です。

事故の発生に関する「ハインリッヒの法則」というのがあります。アメリカの損害保険会社の技術・調査部の副部長をしていたハインリッヒが、一九二九年の論文で労働災害について出した経験則です。一件の「深刻な事故」の背後には約三〇件の「比較的大きな事故」が発生しており、その背後には約三〇〇件の「ひやり・ハット」事象が起こっているのが普通であるというものです。

つまり、日常の安全管理をおろそかにしてはダメなのです。しかし福島第一原発事故以降、内部告発によってやっと知られるようになったことですが、日本の原発の場合事故隠しや不正隠蔽の体質が当たり前であり、小さい事故を表に出さないようにすることが普通でした。このようなことが積み重なり、やがて過酷事故を起こす種になっていったといえます。

このように、二〇一一年三月一一日が来る前に日本の原子力政策はにっちもさっちもいかないほど、矛盾に満ちたものになっていました（もっとも、一般国民には、この大部分が福島第一原発事故後にわかったことですが）。

《五》第五期―福島第一原発事故とそれ以後（二〇一一年〜）

そして福島第一原発事故は起きました。

二〇一一年三月一一日一四時四六分に日本の三陸沖（牡鹿半島の東南東約一三〇キロメートル付近）の深さ約二四キロメートルでマグニチュード九・〇の東日本大震災が発生しました。これは、太平洋プレートと北米プレート境界域における海溝型地震でした。気象庁発表によるＭ九・〇は地震の規模としては一九二三年の関東大震災のＭ七・九を上回る日本国内観測史上最大、アメリカ地質調査所（ＵＳＧＳ）の情報によれば一九〇〇年以降、世界でも四番目のものとなりました。

福島第一原子力発電所において、この地震によって稼働中だった一号機（四六万キロワット）、二号機（七八・四万キロワット）、三号機（七八・四万キロワット）が自動停止しました。同日、同発電所の四号機から六号機は定期点検のため停止中でした。この地震の影響で外部からの電源を失ったことにより一三基の非常用ディーゼル発電機が起動する予定でしたが、大津波で一階の一基が残っただけで、地下一階にあった一二基はすべて一五時四一分に水没、故障停止しました。

これにより一、二、三号機は共に全交流電源喪失状態に陥り、原子炉内の燃料棒に対する継続的な注水冷却機能を喪失する恐れが発生しました。東京電力は第一次緊急事態を発令、原子力災害対策特別措置法第一〇条に基づく特定事象発生の通報を経済産業大臣、福島県知事、大熊町長、双葉町長と関係各機関へ行いました。さらに一五時四五分にオイルタンクが大津波によって流出し、一六時三六分に一号機と二号機は非常用炉心冷却装置による注水が不可能になったため、同四五分に東京電力は同法第一五条に基づく通報を行いました。

これにより一九時三分に枝野幸男官房長官が原子力緊急事態宣言の発令を記者会見で発表し、二〇時五〇分に福島県対策本部から一号機の半径二キロメートルの住民一八六四人に避難指示が出されました。二一時二三分には、菅直人首相から一号機の半径三キロメートル以内の住民に避難命令、半径三キロメートルから一〇キロメートル圏内の住民に対し屋内待機の指示が出ました。

その後、事故は水素爆発、炉心溶融などに発展し、一連の放射性物質の放出を伴った国際原子力事象評価尺度（ＩＮＥＳ）において最悪のレベル七（深刻な事故）に分類される原子力事故となりました。

福島第一原発事故の総括

全電源が喪失し、一～三号機とも水位が下がり、通常は水に覆われているはずの燃料棒が、むき出し状態で非常に高温（千数百度）になりました。一～三号機とも、核燃料収納被覆管の溶融によって核燃料ペレットが原子炉圧力容器の底に落ちる炉心溶融（メルトダウン）が起き、溶融した燃料集合体の高熱で、圧力容器の底に穴が開くこと、または制御棒挿入部の穴及びシールが溶解損傷して隙間ができたことで、溶融燃料の一部が原子炉格納容器（格納容器）に漏れ出し（メルトスルー）、燃料の高熱そのものや、格納容器内の水蒸気や水素などによる圧力の急上昇などが原因となり、一部の原子炉では格納容器の一部が損傷に至ったと見られています。

水が蒸発し燃料棒はむき出しになりますと、燃料棒はジルコニウムという金属の合金で覆われていますが、このジルコニウムは非常に高温になり、周囲の水蒸気（水）と激しく反応し、高温の金属が水から酸素を奪い、水素が発生してしまいました。

一～三号機ともメルトダウンの影響で水素が大量発生し、側壁のブローアウトパネルを開放した二号機以外（これは水素が漏れ出したのです）、原子炉建屋、タービン建屋各内部に水素が充満、一、三、四号機はガス爆発を起こして原子炉、タービン各建屋及び周辺施設が大破しました（四号機は分解点検中でしたが三号機からタービン建屋を通じて水素ガスが充満したと見られています）。

この一連の経過において、事故の最大の原因は電源を喪失したことによって冷却水が供給できなくなったことで、いくつもの怠慢や手抜きという人災が重なっていました。かなり前から原子力安全・保安委員会が東電に対して津波対策のために防潮堤を高くするように勧告していましたが、東電は聞き置くだけにして工事を行わなかったことは述べました。

さらに外部電源の鉄塔が津波の圧力で倒壊するような場所に剥き出しになっていました。たとえば近くの火力発電所から地下に埋設した専用架線を引くくらいの用心が必要でした。非常用ディーゼル発電機も地下に置かれていたため水を被《かぶ》って動かなくなっていたことも述べました。ターンキー契約をうのみにして、地震や津波の心配がないアメリカの外部電源や非常用電源の配置などを全くそのままにしており、日本の状況に合わせて改造するというような発想は皆無でした。

全電源喪失で冷却できなくなり、外部からの給水を試みようとしましたが、自衛隊・在日米軍による電源車のヘリコプター空輸が不能、交通渋滞による電源車の遅れ、電源車の電圧不整合・出力不足など、東電幹部の海水注入不許可、ベントの遅れ、仮設電源ケーブルの破断など多くの不手際が重なり（普段訓練されていなかったからです）、水素爆発に至りました。

また、これも事故後にわかったことですが、文部科学省は一〇〇億円をかけて、原子力施設が事故を起こして自然環境の中に多量の放射性物質が放出された時の災害対策として、その放射性物質の環境影響を迅速に予測できる緊急時迅速放射能影響予測ネットワークシステム（ＳＰＥＥＤＩ）を日本原子力研究所を中心に気象研究所などの協力を得て開発していました。

そして、福島第一原発事故の三月一一日夜以来、原子力安全・保安院が、一二日未明以来文部科学省が、多数試算して見ていました。事故後五〇〇〇枚以上の試算結果があったとされていますが「試算なので国民の無用な混乱を招くだけ」と判断されたため、一般国民に情報公開されず、自治体が住民避難を計画する参考にも供されなかったとのことです（一〇〇億円もかけて、まったく無責任なことです）。

情報を非公開としたことについては、後に政府が「パニックを避ける」ことを優先させすぎたが故の誤判断だったと認め、謝罪しました。しかし、事故直後の三月一四日に、文部科学省は試算結果を外務省を通しアメリカ軍に提供していました。アメリカは福島第一原発事故時にアメリカ人の東京撤収を考えていたと言われていましたが、彼らはＳＰＥＥＤＩの情報などを本気で読み取っていたかもしれません。

あとで公表されたものをテレビなどで見ると、福島第一原発事故を中心に放射能の濃淡の流れが周囲に流れる様子がよくわかり、現実と合っていました。当時、福島の現場では多くの人が知らずに濃い放射能が流れた方向（飯舘村の方向）に逃げていましたが、ＳＰＥＥＤＩの結果も飯舘村の方向に濃く放射能が流れている様子が出ていました。

このように、大震災は天災ですが、次々と連鎖的に人災が連なって、事を大きくしていきました。

のどもと過ぎれば熱さを忘れる

二〇一〇年に五四基の原発が運転されていて、電力量の約二九%を原子力が担っていましたが、福島第一原発事故後、関西電力の大飯発電所三号機・四号機の二基のみが稼動、その後それも停止し、長らくゼロ稼働状態が続いていました。

福島第一原発事故で塗炭の苦しみを味わった民主党政権は「原発ゼロ」を掲げましたが、これに代わった自民党安倍政権は、のどもと過ぎれば熱さを忘れて、「原発ゼロ」からの転換を明確に打ち出しました。二〇一三年一二月六日、経産省資源エネルギー庁の総合エネルギー調査会が策定した「第四次エネルギー基本計画」が閣議決定されました。

原発をベース(基盤)と強調することで、原発事故以前の「原発は基幹産業」との位置づけに近づけました。また、「必要とされる規模を十分に見極め、その規模を確保する」と、積極的に活用する姿勢を示しました。原子力規制委員会の審査を経て「安全性が確認された原発は再稼働を進める」ことも明記しました。

この基本計画では、エネルギー政策の要諦として、安全性（Safety）を前提とした上で、安定供給（Energy Security）、経済効率性（Economic Efficiency）、環境適合性（Environment）の三Eを満たすことを基本条件とし、エネルギー源となる電源として列挙しているのは次の三分類です。

①ベースロード電源：発電コストが安く、安定的に発電でき、昼夜を問わず継続的に稼働できる、地熱、水力、原子力、石炭

②ミドル電源：発電コストがベースロード電源に次いで安く、電力需要の動向に応じて出力を機動的に調整できる、天然ガス

③ピーク電源：発電コストは高いが、電力需要の動向に応じて出力を機動的に調整できる、石油、揚力式水力

としており、再生可能エネルギーの出番（位置づけ）がありません。

日本でもＦＩＴ（再生可能エネルギー買取制度。後述します）が動き出してから、再エネは急速に伸びていました（後述します）。だから、少なくとも太陽光発電などの再エネをミドル電源（か、せめてピーク電源）としてきちんと位置づけるべきでしょう。そうすることで再エネの重要性が高まり、エネルギー転換を促進することができるでしょう。太

陽光や風力など再生可能エネルギーの「最大限の加速」も書いてはいますが、高コストの問題も併せて指摘し、全体として原発の「必要性」を色濃く示す内容となっていました。

環境適合性といいながら、温室効果ガスを一番多く出す石炭をまだベースロード電源にすることは国際的な批判を浴びるのは必至です。使用済み核燃料から取り出したプルトニウムを再利用する「核燃料サイクル」も、続ける考えを明確にしました。青森県六ヶ所村の再処理工場について民主党政権はあいまいな姿勢でしたが、自民党安倍政権は「引き続き着実に推進」と明記しました。

使用済み核燃料から出る「高レベル放射性廃棄物」の最終処分地が見つからない問題は、自治体の立候補を待つやり方を改め、国が科学的な適地を示して選定を進める方針を盛り込みました。

原発の再稼働については、安倍政権の方針は「原子力発電所の安全性については、原子力規制委員会の専門的な判断に委ねる」とし、「原子力規制委員会により世界で最も厳しい水準の規制基準に適合すると認められた場合には、その判断を尊重し原子力発電所の再稼働を進める」としています。

しかし、原子力規制委員会は、各原発から申請された中身が、委員会が作成した新しい規制基準に「適合」しているかどうかを判断するだけであって、決して各原発が実際に安全であるかどうかの実地審査をするわけではありません。各原子力発電所が行ったシミュレーションを実際に追試するわけでも、違った条件でテストするわけでもありません。単に提出されたシミュレーション結果を見て、基準をクリアした答えであるかどうかを照合しているだけです。

従って、規制基準が重要ですが、「世界で最も厳しい水準の規制基準」と安倍首相は言っていますが、ヨーロッパの原発で採用されている基準に比べても、規制委員会の新基準が劣っている点がいくつか指摘されています。それは、

①安全設備の多重性としてヨーロッパは外部電源を四系統に増やしているが、規制委員会新基準は二系統に過ぎない。

②原子炉の圧力容器から漏れ出た溶けた炉心を格納容器に貯留するコアキャッチャー。

③溶けた炉心を長期冷却するため格納容器の熱を除去する設備。

④航空機が衝突しても大丈夫な二重構造の格納容器。

という②、③、④の三点の設置をヨーロッパでは義務づけられていますが、新基準ではそれらを要求していないのです（これらは新規の設備であり、既設には審査外というわけで

す）。

②、③、④を設置するとなれば、大改造ですから（EUは、だから建設費が三、四倍になっていることは記しました）、既設はしなくてよいとなったのでしょうが、それでは「世界で最も厳しい水準の規制基準」とはとても言えないものです。現実、原子力規制委員会としても、本来、原発の安全性のために、②、③、④が必要としながら、それでなくても、安全が確保されると審査合格を出すことに矛盾を感じないのでしょうか（既設の原発にも新設と同じように航空機は落ちることはあります。テロの場合、既設・新設にかかわらず、やるでしょう）。

さらにIAEA（国際原子力機関）は、五段階の「深層防護」という考え方を採っており、第五層目（重大事故によって放射性物質が施設外に放出されたときの緊急対応）に関して、規制委員会が「原子力災害対策指針」を定めているにもかかわらず、実際の原発において放射性物質が外部に放出されてしまったようなとき、周辺住民の生命・健康を守る緊急時対応がまったく審査の対象になっていないと認めていることです。そのため住民の避難計画について責任を持って指導・点検・監視する機関は日本には存在せず（規制委員会の役目のはずですが）、自治体に丸投げしたまま放置されていると言っても過言ではありません（福島第一原発事故前とまったく同じです）。

要するに、規制委員会は審査内容を技術的側面のみに限り、それも既設のものの審査に限定し、それ以外について一切検討・審査を行わないということにしたのです。これでは部分的な規制でしかないことは明白で、原発の安全性は保障されないことになります。実際、田中規制委員会委員長は「安全だということは私は申し上げません。新基準では事故は起きうるという前提です」と言っています。だから、原子力規制委員会から基準をクリアしたというお墨つきをもらったとしても、実際には再稼働の許可が出たわけでなく、ましてや安全性が保証されたわけでもありません（今のままでは実際に事故が起こったときには混乱が起きることになるでしょう）。

いずれにしても、二〇一五年八月一一日、九州電力・川内原子力発電所一号機が震災後初めて原子力規制委員会の安全審査を経て再び起動しました。二〇一五年一〇月川内原発二号機が再稼働して以降、二〇二〇年一月現在日本で稼働している原発は九基となっています。

ところが、九州電力川内原発一号機が二〇二〇年三月一六日、運転を止めました。テロ対策施設の設置が期限の三月一七日に間に合わず、当初の計画を八ヶ月も前倒しして定期検査に入ったのです。福島第一原発事故後の原子炉等規制法改正で、最新の知見で引き上げた規制のハードルを既存の原発にも義務づける「バックフィット制度」が新基準とともに導入されていました（事故前は、規制が上乗せされても、電力会社は運転しながら対策を取ることができました）。この度の川内原発が間に合わなかったのは、テロ対策施設で、航空機によるテロ攻撃を受けても遠隔で原子炉を制御する施設（第二制御室）の設置でした。規制委員会は、設置期限は当初「新基準施行から一律五年」となっていたのを「原発本体の工事計画認可から五年」に一度延ばしました。しかし、それでも工事が間に合わないとなりましたが、規制委員会は再延長を認めませんでした。

バックフィット制度はテロ対策施設以外にも適用され、二〇二〇年春にも決まる耐震規制の見直しでは、川内や玄海（佐賀県）で地震想定が引き上げられ、追加工事が必要になる見込みです。すでに期限に間に合わず、停止が決まっているのが、二〇二〇年内の九電の川内二号、関電の高浜三号、高浜四号です。停止の可能性があるのが、二〇二一年に七基あるそうです。

バックフィット制度は電力会社の経営を直撃しています。一基当たり約五〇〇～一二〇〇億円かかっています。これに伴って安全対策費は巨額になっています。関電では総額で一兆円を突破し、九電では九千数百億円に上ります。原発を止めれば、代わりに動かす火力発電所の燃料費が負担として重くのしかかります。政府が強調してきた原発の経済性や安定性が揺らいでいます。

ついに行き詰まった核燃料サイクル

二〇一五年一一月の原子力規制委員会は、高速増殖炉「もんじゅ」の運営主体の日本原子力研究開発機構を「もんじゅを運転する能力がない」と断じ、文部科学相に新たな運営主体を示すように勧告しました。そして、別の組織が見つからなければ、「もんじゅ」の原子炉から核燃料やナトリウムを抜くといった抜本的なリスク低減策を求めました。

文科省は、原子力機構の職員を残しつつ運営に外部から人を招いた新組織を編成し直し再運転を目指す案をまとめ

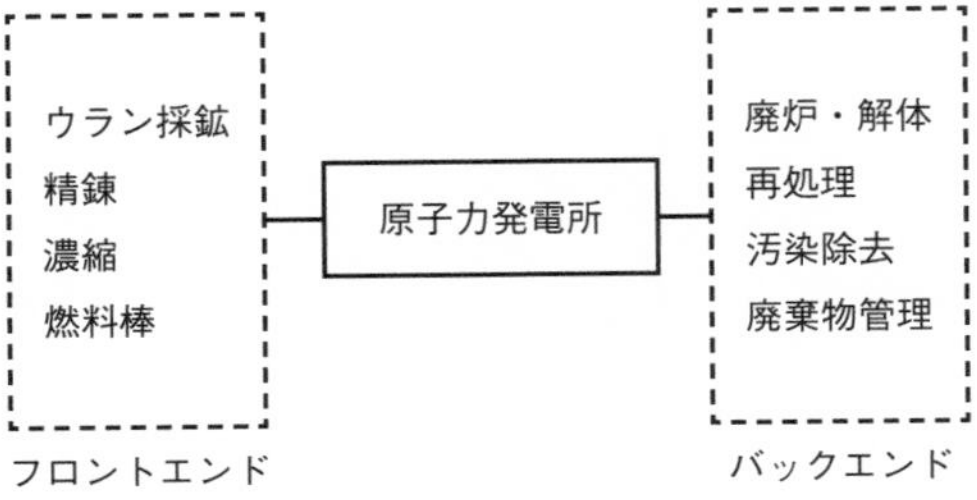

図二　原子力発電所のバックエンド

ましたが、一〇年間でさらに五〇〇〇億円以上の追加投資が必要になる案は同意が得られず、二〇一六年九月に経産相を中心に今後の高速炉開発を検討する「高速炉開発会議」が設けられ、「もんじゅ」は「廃炉を含めて見直す」ことになりました。

日本の「核燃料サイクル」の開発については、科技庁グループの国産化路線として、断片的に述べてきましたが、ここでもう一度、まとめて述べることにします。

核燃料サイクルとは、原子力発電を維持するための核燃料の流れ（サイクル）であり、それらから出てくる各種放射性廃棄物が処理・処分されるまでの全ての過程を統合した上でのウラン資源等を有効に利用するための体系を指しています。

核燃料サイクルは、図二のように、鉱山からの鉱石（天然ウラン）の採鉱、精錬、同位体の分離濃縮、燃料集合体への加工までをフロントエンドといいます。原発で発電し、図二のように、原子炉から出た使用済み核燃料を再処理して、核燃料として再使用できるようにし、出てきた放射性廃棄物の処理処分を行う一連の流れをバックエンドといいます。

このフロントエンド―原発での発電―バックエンドの核燃料の流れが核燃料サイクルです。

日本は長年、バックエンド問題を先送りしてきました。核燃料サイクルとは、多くの場合、ウラン二三五を巡る後者（バックエンド以降）の意味で用いられます。

原発の軽水炉から取り出された使用済み核燃料には、「燃えないウラン」である非核分裂性のウラン二三八、ウランから生成されたプルトニウム、僅かながら「燃えるウラン」である核分裂性核種のウラン二三五、各種の核分裂生成物が含まれています。

このプルトニウムやウラン二三五を抽出し核燃料として再利用すれば、単に廃棄処分することに比べ多くのエネルギーを産出できます（核燃料サイクルで核燃料の有効活用と長期使用ができればウラン資源をより長期にもたせることができます）。また、使用済み核燃料のウランやプルトニウムを取り出すことになるため、放射性物質が減少し、廃棄物の量が減ることにもなります。という考えで核燃料サイクルの開発が進められてきました。

しかし、一方、核関連施設や運搬が増えるため、とくにプルトニウムを扱うために高いセキュリティーが要求されます。そのため原発のコストが高まるという指摘もあります。プルトニウムは核兵器の原料になるのでこれを貯め込むことは核不拡散条約上問題であることも指摘されています。

その核燃料サイクルのバックエンドサイクルは再処理事業、濃縮事業、廃棄物管理事業、埋設事業に分けられ、日本では以下のように取り組まれていました。

《使用済み核燃料中間貯蔵》日本国内で発生した使用済み核燃料は、各原子力発電所内等で保管されています。原子力発電所外の中間貯蔵施設として、リサイクル燃料貯蔵株式会社の中間貯蔵施設（青森県むつ市）を建設中です。

《再処理》日本国内で発生した使用済み燃料は、これまでに東海再処理施設及びフランス、イギリスの再処理工場への委託で処理していました。日本原燃六ヶ所再処理工場で、二〇一六年三月の竣工に向け試験中でしたが遅れています。

《高速増殖炉》プルトニウムの核燃料としての使用法は現在のところ二種類に大別できます。一つは、高速増殖炉を使ってプルトニウムを燃焼させる方法です。これが「もんじゅ」開発でしたが、白紙になりました。

《ＭＯＸ燃料加工》もう一つは、一九九〇年代に追加された方法でありますが、ＭＯＸ燃料の形で軽水炉で燃やす方法であり、この方法は日本では「プルサーマル」という造語で呼ばれています。再処理施設で回収されるウラン・プルトニウム混合酸化物（ＭＯＸ燃料）は、プルサーマル発電等に使用されるＭＯＸ燃料に加工されます。ＭＯＸ燃料加工工場を青森県六ヶ所村で建設中ですが、遅れています。

《放射性廃棄物の処理処分》高レベル放射性廃棄物、低レベル放射性廃棄物はそれぞれの物性に応じて段階的処分が適用されます。ウラン濃縮施設やウラン燃料成型加工施設から出るウラン廃棄物は、二〇〇九年三月末時点で二〇〇リットルドラム缶に換算して約一〇万本が保管中です。また核燃料サイクルからは外れますが、原子炉の廃炉解体に伴う廃棄物にも放射性廃棄物が含まれます。この最終処分地の目途は立っていないし、各原発で保管されている高レベル放射性廃棄物は満杯に近くなっていることは述べました。

さて、そこで日本の核燃料サイクル政策については、二〇〇五年に「原子力の研究、開発及び利用に関する長期計画」の見直しが行われ、①全量再処理、②部分再処理、③全量直接処分・ワンススルー、④当面貯蔵の四つのシナリオが検討されました。

①は、現在、建設中の六ヶ所再処理施設には限界があるので、さらに第二処理施設を追加して再処理を行うということです。②は、使用済み核燃料は六ヶ所再処理施設で再処理を行うが、処理能力を超えた分は中間貯蔵を経た上でそのまま埋設して直接処分するというものです。結局、①を選び現行路線となりました。

当時の原子力委員会では、原子力政策大綱（二〇〇五年一〇月一一日決定）において、「使用済燃料を再処理し、回収されるプルトニウム、ウラン等を有効利用することを基本方針とする」と決定し、二〇〇五年一〇月一四日、閣議決定されました。

現行路線（前記の①）に基づき、二〇一一年までの四五年間に核燃料サイクルに投じられた金額は少なくとも一〇兆円に上っており、その原資は税金と電気料金からなります。

しかし六ヶ所処理施設の稼動は延期が重ねられており、高速増殖炉「もんじゅ」も複数回の事故により一九九四年の稼動開始以来わずか数ヶ月しか運転できていない状況です。

また、前述の六ヶ所処理施設が稼働しても年間再処理能力は八〇〇トンです。国内の原子力発電所から発生する使用済み燃料は年間一〇〇〇トンを超えており、「全量再処理」路線を掲げる長期計画に沿えば、第二再処理工場を建設する必要があります。また電気事業連合会は二〇〇三年一二月の時点でバックエンド費用が総額一八兆八〇〇〇億円かかると試算していました。

なお、フロントエンドですが、日本ではウラン鉱の採鉱・精錬等は行われていません。フロントエンドではウラン濃縮事業と燃料加工事業、バックエンドでは使用済み燃料再処理及び放射性廃棄物の保管と低レベル放射性廃棄物の埋設処理が行われています。濃縮、燃料加工、使用済み燃料再処理に関しては国内の能力で需要を満たせておらず、大半を海外に依存しています。

さて、そこで「もんじゅ」に返りますが、「もんじゅ」と日本の核燃料サイクルとの関係を要約しますと、原発から出た使用済み核燃料を再処理して、それを高速増殖炉「もんじゅ」で発電しながら燃やせば、燃やした以上のプルトニウムを作れるというものです。そこで「夢の原子炉」と呼ばれ、天然資源に乏しい日本にとって、輸入に頼らない国産エネルギーであると言われてきたのです。

ところが、技術がついてきませんでした。一九九四年四月に初臨界に成功しましたが、九五年一二月、ナトリウム漏れ事故を起こし、組織そのものを一新して再出発を図ろうとしました。しかし、二〇一〇年に燃料交換器の落下事故が起き、二〇一二年以降も点検漏れや警報放置などトラブルは続きました。結局、「夢の原子炉」は計画の最初から数えると六〇年近い年月と一兆円超の国費をかけましたが夢のまま終わったのです。

原子力国家フランスも、一九九八年、実用化直前の実証炉「スーパーフェニックス」を閉鎖、原型炉「フェニックス」も二〇一〇年に運転を終えました。イギリスは一九九四年、原型炉「PFR」の運転終了とともに高速増殖炉開発から撤退しました。ドイツも一九九一年に操業直前の原型炉を放棄し、一九九四年に法改正で使用済み核燃料の全量再処理義務を撤廃し、核燃料サイクル開発から離れ、脱原発へと向かいました。アメリカは一九九三年、当時のクリントン政権がプルトニウム民生利用の研究開発の中止を決定し、一九九四年、すべての実験炉で運転が終了しました。日本で高速増殖炉「もんじゅ」が初臨界を迎えた一九九四年、世界の高速増殖炉はすでにほとんどが中止されていたのです。理由は、プルトニウム利用の「経済性」のなさと「核拡散」への懸念でした。

これら原子力先進国の欧米諸国ですら見切りをつけた高速増殖炉を日本だけ継続していたのは、技術的高度さなどではなく、何度もあった見直し論をその都度、現状維持で通した日本的官僚主義の事なかれ先送り論からでした（自分の時にやめたくない）。

その結果、いまや、日本は国内・海外（海外に処理委託している分）に計四八トンのプルトニウムを持っています。原爆六〇〇〇発分の量で、国際的な批判にさらされかねない状況です（北朝鮮、イラン、核テロ問題の最中でこれだけのプルトニウムを貯め込めば、いずれ問題にされます。二〇二一年三月、東電の柏崎刈羽原発で他人のＩＤカードで中央制御室に不正入室する事件が起きましたが、電力会社が膨大な核兵器の原料を保管している意識がなく、このような警備システムが常態化しているようです）。

使用済み核燃料再処理と高速増殖炉（高速炉）開発を自国で進めるのは現在、日本、フランス、ロシア、インド、中国の五ヶ国であるといわれています。

日本以外はいずれも核兵器保有国です（これらの国は基本的に核兵器技術と原発技術は

共用できるので、原発の発電コストとは関係なく、核兵器を保有する限りやめないでしょう)。

フランスは一九九八年に実証炉「スーパーフェニックス」を閉鎖しましたが、その後も実証炉「ASTRID(アストリッド)」計画を進めています。ただし、まだ、机上の計画に過ぎません。日本は今回、「もんじゅ」を廃炉にしても、アストリッド計画に参加することで、高速炉(高速増殖炉ではありません)開発の旗を降ろさない方針であるといわれています。日本では旗を降ろせない事情があるからです。

日本は原発開発の最初で述べましたように、日米原子力協定を結んで核兵器を製造しないことを条件に濃縮ウランの七割をアメリカから輸入しており、日米協定が日本の原子力施設全体を実質的に規制しています。その日本はプルトニウムを消費する高速増殖炉を実用化するということで今までプルトニウムを貯め込んできていました。

その高速増殖炉をやめるとプルトニウムをすぐ処理しなければならなくなります。もう一つのプルトニウムの使い道として、プルトニウムとウランを混合したMOX燃料を原発で使うプルサーマル発電がありますが、この道はコストが高くなり電力会社はいやがります。そこで「もんじゅ」に廃炉の方向性が示されても、政府は高速炉開発会議を設けて検討するとし、前述しましたアストリッド計画に参加することも検討するとしています。

二〇一六年九月、経産相は「プルサーマルをしっかり推進していくという方針に変わりはない」と述べました。政府は当面、プルサーマルでサイクルを回し、プルトニウムを消費する方針のようですが、ＭＯＸ燃料は今はイギリスなどに使用済み核燃料を輸送し、再処理してもらっています。

六ヶ所村に建設中の再処理工場とＭＯＸ燃料加工工場は、完成時期の延期を繰り返しています。再処理工場は一九九七年の完成予定でしたが、二〇二〇年度も延びているようです。建設費も、当初見積もりの七六〇〇億円から、二兆二〇〇〇億円まで膨らんでいます。

高速増殖炉の目途が立たず、今はウランと混合したＭＯＸ燃料を一般の原発で使うプルサーマル発電に用いていますが、その消費はごく少量です（現在プルサーマルが稼働しているのは四国電力の伊方三号炉など三原発だけです）。

世界的に見て、プルサーマルを試験的にやった国はありますが、ほとんどやめています。経済性と核不拡散の観点から、使用済み核燃料をそのまま廃棄物として埋設する直接処分を選ぶ国が増えています。そもそもプルサーマルは、高速増殖炉に比べ、ウラン資源の節約につながらない上、燃料加工費は一般のウラン燃料の五～一〇倍で、経済的なメリットはありません。これは保有する約四八トンのプルトニウムを軍事転用しない意思を内外に示す言い訳に近いと言われています。

大手電力各社も、プルサーマル導入は、会計上、使用済み核燃料を使用できる「資産」として計上しており、再利用の旗を降ろしたら資産価値がゼロ（最終処理しなければならないのでゼロどころか膨大な負の資産となってしまいます）になって財務が一気に悪化しかねないという事情もあります（延ばし延ばしにしてもいつかは処理しなければなりません）。

燃料保管の問題もあります。六ヶ所村などが保管を受け入れているのは、再利用までの「一時的なもの」という建前です。電力各社が引き取るよう求められたら、各原発にある燃料プールがたちまち満杯になり、原発の稼働ができなくなります。

いずれにしても、原子力官民複合体が数十年にわたってやってきた核燃料サイクル政策も八方ふさがりで、ついに行き詰まってしまいました。

二〇二〇年三月二九日の「朝日新聞」によりますと、ロンドンの英公文書館で一九七〇年代の日英の原子力交渉に関する外交文書が発見されました。それによりますと、「一九七七年に誕生した米カーター政権は、核拡散を懸念して、各国に再処理計画をやめるよう要求、代わりに日本の使用済み核燃料を太平洋のアメリカ領の小さな陸地（パルミラ環礁）で保管する提案をしてきました。しかし、日本はアメリカ政府を説得して、イギリスなどと処理契約を結びました。（中略）英公文書の取材を通じて見えてきたのは、約四〇年前も、今も、変わらない日本の原子力政策の硬直さであります。もし、あの時代、パルミラ構想が実現していたら……。日本の原子力政策、エネルギー政策に別の選択肢が生まれた分岐点だったと思います（小川裕介）」。

行き詰まってしまった高放射性廃棄物の最終処理場

使用済み核燃料など放射性廃棄物の問題は、原発に伴う最初からの本質的な問題でしたが、通産・電力グループは、原発システムのバックエンド関連施設（一九二ページの図二参照）については先延ばしを繰り返してきていました。しかし、一九九〇年代に入ると、それを放置すれば発電事業の継続にも支障を来す可能性が高いことへの懸念が関係者の間で強まってきました。

そこで、二〇〇〇年一〇月、原子力発電環境整備機構（ＮＵＭＯ）を発足させ、全国の自治体などから高放射性廃棄物の最終処理場の候補地を公募などしましたが、まったく応募するものがなく、作業は進展せず、前述のように電力各社の原発サイトの貯蔵プールに溜まり続け、満杯状態になりつつあります。まさに、「トイレなきマンション」の解決の見通しはありません。

一九九〇年代、米英仏は相次いで高速増殖炉の開発を断念し、多くの国がワンスルー路線へ転換する中、日本だけが曲がりなりにも核燃料サイクルを国策としてこられたのは、「原発神話」により原発建設が続いていて、まだ、原発に末広がりの印象を与えていたからです。すでに先進国では原発は減少傾向に移っていました（アメリカなど三〇数年、一基も原発の発注がなければ、原発産業を生み出したGEやWHでも原発に見切りをつけるのは当然です）。当時の日本のエネルギー基本計画では二〇三〇年までに一四基の原発新増設を掲げていました（しかし、福島第一原発事故によって、このような日本のあいまいな核燃料リサイクルどころか原発そのものの存在が問われる事態となってしまいました）。

この高放射性廃棄物の最終処理場の問題については、原発所有国共通の問題として後述します。

このようなことが続き、動燃は一九九八年一〇月核燃料サイクル開発機構に改組され、続いて二〇〇五年、原研と統合再編され日本原子力開発機構となりました。さらに民間会社日本原燃が経営し、二〇〇六年より運転を開始した世界最大級の六ヶ所村再処理工場でもトラブルが続発し、正常運転ができないまま、現在に至っています。

このように、科学技術庁グループが戦後、原子力の自主開発と言って四大基幹プロジェクトを手掛けてきましたが、結局、一つも仕上げることなく膨大な国家予算を費やして終わってしまいました。

廃炉・賠償など際限のない国民の負担増

二〇一六年七月、東京電力の数土文夫《すどふみお》会長が福島第一原発事故の廃炉や賠償費の増加について、「どれだけになるか、いまのところ見えていない」と国に助けを求めました。そこで経産省は「電力システム改革貫徹のための政策小委員会」と「東京電力改革・一Ｆ（福島第一原発）問題委員会」の二つの有識者会議を立ち上げました。

東電はこれまで、福島第一原発事故の廃炉に二兆円、賠償や除染に九兆円かかるとしてきました。上限なく賠償などに当たることにはなっていますが、従来の業界の備えが不十分だったため、費用は東電に加えて全国から電気代の一部として集めたり、東電の利益の一部を充てたりする仕組みができました。国が出資する「原子力損害賠償・廃炉等支援機構」が一時的に建て替え、東電を通じて被害者に支払われています。あとで東電と大手電力が、利用者から集めた電気代などから返す仕組みになっています。

ところが、廃炉作業や賠償が進み、それでは足りないことが見えてきました。福島第一原発事故の廃炉に今まで二兆円、今の段階での追加で四兆円、計六兆円になる見込みです。賠償や徐染に今までに九兆円、今の段階での追加が三兆円、計一二兆円になる見込みです。福島第一原発事故関係合計で一八兆円になる見込みです。

他方、福島第一原発事故後に原発の安全規則などが強化されました。全国の原発で、対策費の高さが見合わずに予定より早い廃炉を決める例が出てきました。通常の廃炉費は運転中に電気代で集めて積み立てるルールですが、短縮すると集め切れません。解体費が従来の想定を上回ることもわかりました。経産省の内部資料は、その不足分が計一・三兆円になるとしています。一・三兆円を足すと、追加分は現在のところ、八・三兆円になります。この計八・三兆円をどう賄うかが、問題となっています。

二〇一六年一一月一八日の「朝日新聞」によれば、経産省は電力自由化による「託送料金」にこれを上乗せして、この追加分を賄うつもりのようであると報道しています。それによれば、二〇一六年四月から電力小売り全面自由化で新電力が参入し、家庭もどの会社から電気を買うか選べるようになりました。いまの仕組みでは、新電力に乗り換えた人は負担しなくて済みます。そこで経産省が着目したのが、電気を使う人は例外なく負担する「託送料金」であるといわれています。

託送料金とは発電所と家などをつなぐ「送電線の使用料」です。一般家庭の電気代の三割ほどを占めます。（電力自由化で送電会社は完全分離されることになっていますが）安定供給のため、自由化後も送電は大手電力の独占が認められました。そこで託送料金は経産省が認可します。廃炉費はもともと発電関連のコストですが、経産省はこれを送配電部門にも混ぜ込むつもりです。そこに新たな原発費用を上乗せすれば、（原発とは縁を切ろうとして入った）新電力の利用者も含めて回収できることになります。

前述の貫徹委員会で「なぜ新電力の利用者も払うのか」との疑問が出ましたが、経産省は「昔は原発の電気を使っていたから」と説明したといわれています。今後も困ったら「すべて託送料金に押しつければいいや」となっては、電力自由化の意味がなくなってしまいます。四〇年も五〇年も続きそうな福島第一原発事故の処理費用は、今後一体どれだけになるのか、まだ、誰もわかりません。五〇数基の原発も、あるいは新設を続けていけば、その廃炉費用や数百年単位、万年単位の高放射能レベルの廃棄物の管理費がいくらになるか、まだ、誰にもわかりません。わからないが誰かが払わなければならないことだけは確かです。

国や大手電力会社は、原発普及期からずっと「原発の発電コストは圧倒的に安い」と言い続けてきました。だが、福島第一原発事故はこの隠れた巨大コストを現実にしています（それをまじめに予測しようとしていないようですが。あまりに膨大になるので数字をはじかないのでしょう）。ここでもまた、官僚的に、さりげなく（額は不明にしながら）、先送りして国民にツケを回す道を模索しているようです。

第三章　人類は原発とは同居できない

《一》世界の原発の現状

一九五一年、世界初の原発がアメリカで開始されて以来、図三のように、二度の石油危機を追い風として世界各国で原子力発電の開発が積極的に進められてきましたが、一九八〇年代後半からは世界的に原子力発電設備容量の伸びが低くなりました。

しかし、地球温暖化対策のため、原子力見直しの気運が高まっており、少なくともアジア地域では、着実に原子力発電設備容量が増加してきました。

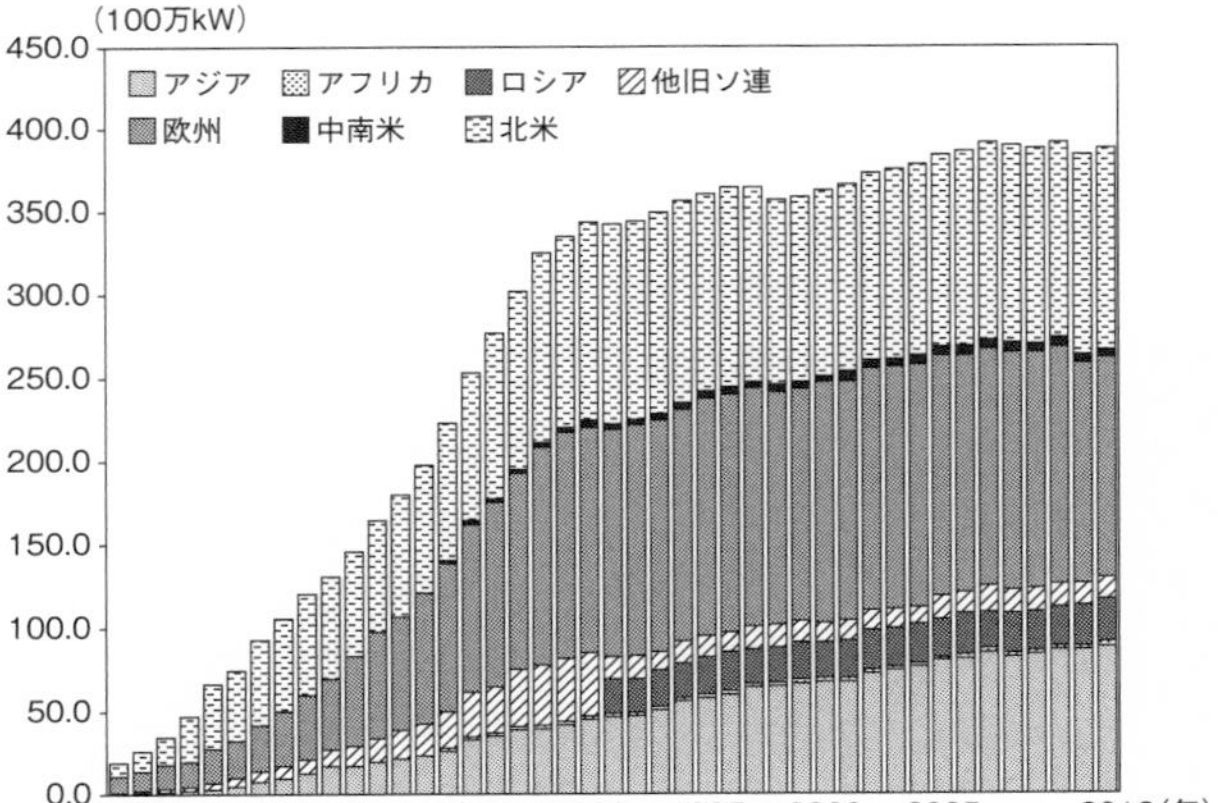

図三　原子力発電設備容量（運転中）の推移
（出典）日本原子力産業協会「世界の原子力発電開発の動向2013年版」を基に作成

世界で運転中の原発は二〇一九年一月一日時点で、発電設備容量は四億一四四五万四〇〇〇キロワットに達しています。今後の建設中、計画中のものを含めると、総計六六三基、六億一七九五万キロワットとなっています。二〇一六年中に供給された年間電力量は二兆四九〇〇億キロワット時であり、これは全世界の電力の約一一％に当たります。脱原子力政策を決定したドイツのような国もあれば、アジアを中心に五七基が建設中であり、原子力発電の利用を継続・拡大する国もあります。

現在、福島第一原発事故後、図四のように、世界的には二つの流れがあります。すなわち（とくに地球温暖化対策として）エ

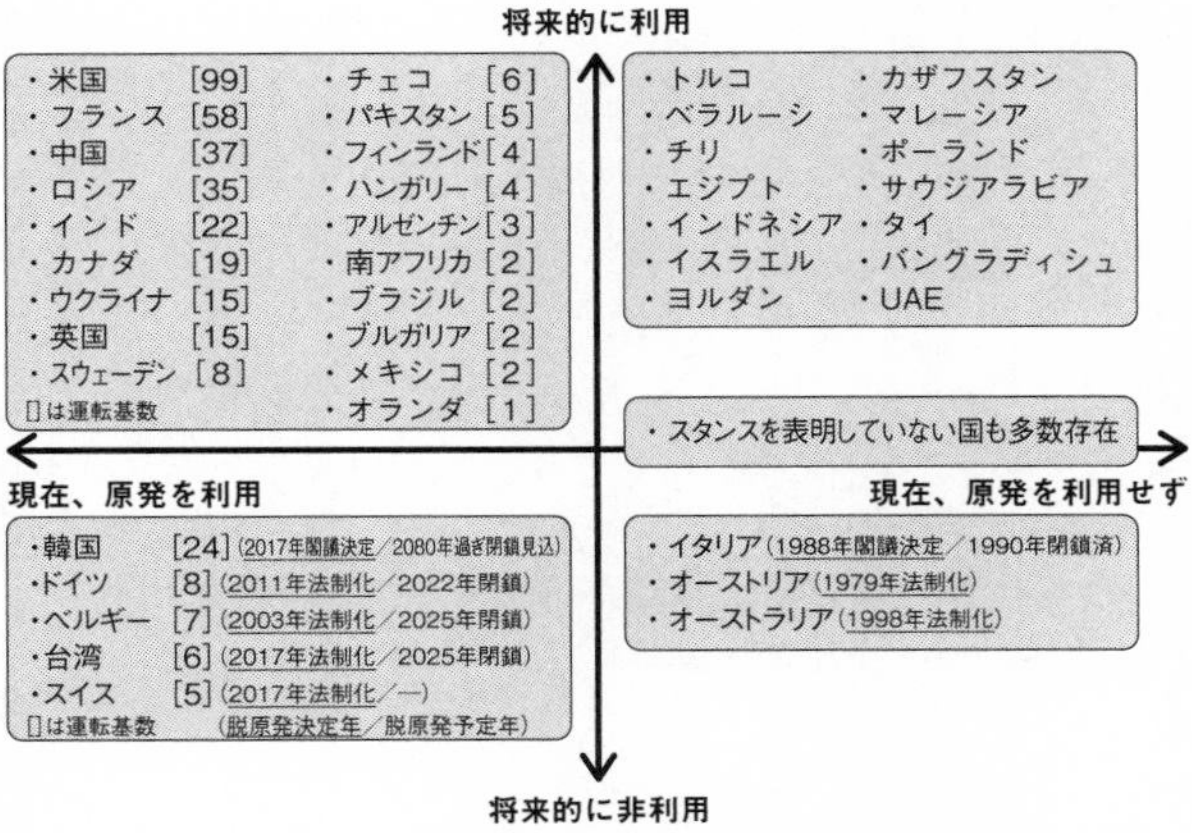

図四　二〇一七年現在における主要各国の原発利用状況

ネルギー源としての原発の利用を推進していこうとする流れと、エネルギー源としての原子力の利用を削減、廃止していこうとする流れがあります。

福島原第一発事故後の主要国の原発政策

福島第一原発事故後も原発の維持・拡大を目指している国の主なものを記します。

アメリカ

アメリカでは、シェールガスの増産に伴うガス価格の低下の影響で、一〇〇基の原子炉のうちいくつかが稼働を停止しました。一方、二〇一三年には約三〇年ぶりとなる新規原発に着工し、二〇一四年現在五基を建設中です。エネルギー省の見通し（二〇一四年）によれば、二〇一二年現在の原子力発電設備容量一億二〇〇〇万キロワットに対して、今後二〇四〇年までの間に四八〇〇万キロワットの発電設備が廃棄される一方で、新規の建設もなされ、結局二〇四〇年まで現状と同じ一億二〇〇〇万キロワットの原子力発電設備を維持する見通しとなっています。原子力の利用を継続するためにアメリカでは当初四〇年であった運転認可が六〇年まで延長されており、既に一〇〇基中、半数以上の原子炉で認可が下りています。

フランス

フランスは発電電力量のうち七〇～八〇％が原子力でしたが、二〇一二年に大統領となったフランソワ・オランドは原子力への依存度低減を公約として掲げ、二〇一四年には二〇二五年までに原子力発電比率七〇％を五〇％までに低減させる法案が可決されました。原発価格が高騰し、アレバ社などが破綻したこと、日本勢の撤退などはフランスのところで述べました。

ロシア

ロシアでは、国内の原子力発電所の新設を進めるとともに、国外への原子力プラントの輸出を含めた原子力推進方針を明確にしています。二〇一一年一二月には、トヴェリ州のカリーニン原子力発電所四号機が建設を終え、新規運転を開始しました。その操業式典において、国営原子力企業ロスアトムのセルゲイ・キリエンコ総裁は、今後二〇年間で国内三八基、海外二八基の新規原発建設を含む三〇〇〇億ドル相当の投資を行うと発表しています。ロスアトムはロシア国内や旧ソ連圏のみならず、ベトナム、トルコやインドなど海外諸国への原子力売り込みを活発化させています。

イギリス

イギリスは西側世界で最初に商用の原発を開始した国でしたが、チェルノブイリ原発事故後、原発開発は停滞し、プラントの老朽化・閉鎖に伴い発電シェアは低下を続けていました。二〇〇〇年代に入って、北海油田の枯渇や温室効果ガスの削減目標（二〇五〇年に一九九〇年比で八〇％削減）に対処するため、二〇〇八年の原子力白書において原子力を積極的に推進する方針を明確に打ち出しました。

低炭素エネルギーの導入促進のための差金決済取引（ＣＦＤｓ）による補助の対象に原子力も入れることで、新規建設を進めようとしています（ウィンブルドン現象が起きて、原発メーカーは外国勢）。二〇一三年にはイギリス国内で原発の建設を目指すフランス電力とイギリス政府の間でＣＦＤｓの合意・契約がなされ、欧州委員会の承認のもと、新規建設が進められようとしています。詳細はイギリスの原発開発の歴史で述べました（日本メーカーは撤退しました）。

中国

中国は二〇一四年現在、三一基三四〇〇万キロワットと、世界で最も多数の原子力発電所を建設中の国です。二〇一四年現在の原子力発電設備容量一五〇〇万キロワットに対し、二〇二〇年には五八〇〇万キロワットの発電所を運転、さらに二〇三〇年までに二億万キロワットまで建設を進める計画です。発電用原子炉の建設のみならず、高温ガス炉や高速増殖炉、小型炉などの新技術を積極的に開発し、海外への原子力輸出も進めて、原子力発電強国を樹立することを目指しています。

日本原子力産業協会が二〇一九年四月一七日発表した世界の原子力発電動向によりますと、運転中の原子力発電の発電設備容量で中国が日本を初めて抜き、アメリカとフランスに次ぐ世界三位に浮上しました。日本国内で原発の廃止が相次ぎ二〇一九年一月一日時点で三八〇四万二〇〇〇キロワットとなりました。一方の中国は八九七万六〇〇〇キロワット増加して四四六三万六〇〇〇キロワットとなりました。

イギリスの石油大手BPは、世界のエネルギー見通しに関する報告書で「中国の原発建設は今後も拡大し、二〇二二年にはフランスを抜いて世界二位、二〇二六年には中国の総容量が一億キロワットを超えて、アメリカを抜いて世界最大の原子力発電大国になるだろう」と予測しています。前述しましたように、アメリカでは原発の寿命を迎えて廃炉原発が増える一方で新増設は進まず、設備容量は減少が予想されています。

しかし、電力コストの面では、ブルームバーグ・ニューエナジー・ファイナンス（BNEF）によりますと、現在、中国においては、風力及び太陽光発電は、中国の新しい原発が供給する電力よりも二〇％安くなっています。中国は今後、急速に石炭火力の転換を図るために、原発も太陽光も風力も力を入れると見られています。

インド

インドでは、欧米で利用が拡大してきた軽水炉の技術ではなく、トリウム燃料サイクルの技術開発を進めてきました。しかし核拡散防止条約に未加盟であることから諸外国との原子力協力が進まず、原子力発電設備の拡大は限定的でした。

しかし、二〇〇七年七月には米印原子力協定が合意に至り、原子力供給国グループ（NSG）におけるインドへの原子力協力の例外化（インドによる核実験モラトリアム等の「約束と行動」を前提に、核不拡散条約未加盟のインドと例外的に原子力協力を行うこと）の決定や国際原子力機関（IAEA）による保障措置協定の承認、米印両国議会による承認等を経て、二〇〇八年一〇月に発効しました。

この原子力供給国グループによる例外化の決定以来、インドは、アメリカの他、ロシア、フランス、カザフスタン、ナミビア、アルゼンチン、カナダ、イギリス、韓国、日本といった国々と原発分野で原子力協力協定を締結しました。この原子力協力協定以降、海外諸国との協力関係が進み、大量の軽水炉建設計画が急速に進展しました。また、福島第一原発事故以降も、電力需給のひっ迫が続くインドでは、原発の利用を拡大するとの方針に変化は見られません。

二〇一三年現在、インドでは、二〇基の原子力発電所が運転中で、原子力発電の比率は発電電力量の約三％になりました。二〇三二年までに、現在の日本の設備容量を超える六三〇〇万キロワットまで原子力発電設備を拡大する目標を持っています。

ドイツ

メルケル首相は福島第一原発事故が起きると、三月一五日には国内一七基の原発のうち、運転期間が三一年を超える七基を即時停止させました。原発のリスクの大きさを深く認識したのです。そして二つの委員会を設置して、将来に対する提言を求めました。一つは

「原子炉安全委員会」で、残る一七基の原発すべてについてどの程度の耐久性を持つかを調べさせました。この委員会は、のちに「ドイツの原発は福島第一原発より高い安全措置が講じられている」と答申しました。

もう一つの「安全なエネルギー供給に関する倫理委員会」は、「一刻も早く原発を廃止し、よりリスクの少ないエネルギーによって代替すべきである」と述べた答申をしました。そして、七基の原子炉に加えてトラブルで停止していた原発八基を即時に廃炉とし、残る九基を二〇二二年一二月三一日までに廃炉手続きをすることを連邦議会で決定しました（議員の八三％が賛成）。同時に、再生可能エネルギーの割合を二〇一一年一七％であったものを、二〇一三年二〇％、二〇二〇年三五％、二〇五〇年八〇％とするという高い目標を設定しました。

このように、ドイツは原子力撤廃に最も積極的な姿勢を示していますが、再生可能エネルギー普及に伴う電気料金の値上げなどの問題にも直面し、与野党の対立が激化しました。しかし、「ドイツでは脱原発への国民の支持は根強く、与野党とも原発回帰の動きはない」と言われています。

中東

中東地域ではイランのブーシェフル原子力発電所が唯一の稼動中の原発です。ＵＡＥは既に二〇一二年に原発の建設に着工しており、原子力公社は二〇一七年から二〇二〇年の間に四基の原子力発電所の運転開始を目指しています。

自国の石油・天然ガス資源をできるだけ温存し外貨を稼ぐことに回したい中東産油国も原発に強い関心を持っています。トルコ、サウジアラビア、ヨルダンなどが原発導入を検討しています。

アジア

ベトナムは二〇三〇年までに原子炉一四基を稼働させる計画を明らかにしています。カザフスタンも検討しているようです。

ヨーロッパ

ヨーロッパ全体での発電量に占める原子力発電の割合は二〇〇九年の時点で二八％でした。欧州連合（ＥＵ）での原子力政策は加盟各国によってまちまちであり、ノルウェー、アイスランド、ポーランド、イタリア等の国では原発はありません。

フランス、イギリス、ドイツ、スペイン等の大国やスウェーデン、フィンランド、ハンガリーといった北欧・東欧諸国で原発を利用中です。ただしドイツでは福島第一原発事故の後、前述しましたように二〇二二年末までに廃止します。ベルギーでは二〇一四年の時点で七基の原発を使用していますが、既に二〇〇三年一月に脱原子力法が成立しており、二〇二五年までに廃止するとしています。

東欧諸国も原子力には高い関心を寄せています。国内に豊富な石炭資源を有し、現在電源の八割を石炭火力に依存するポーランドは、二酸化炭素排出抑制の観点からこれ以上の石炭利用に対してはEU内からの批判が強いし、ガス火力への転換はロシアへの依存度を高めることになるので、原子力開発に舵を切らざるを得ず、二〇四三年までに原発六基を導入する計画を持っています。その他チェコ、スロバキア、ハンガリーなども似たような状況です。

中南米

二〇一四年の時点で中南米で原発を運転している国はメキシコ、アルゼンチン、ブラジルの三ヶ国です。なお、キューバは一九八三年に原子力発電所の建設を開始したことがありましたが、資金面の影響により一九九二年に工事を中断しています。

アフリカ

アフリカ地域の一人当たりの電力使用量は先進国と比べるとまだまだ低い水準であり、原子力発電を実施している国は南アフリカ共和国ただ一国です。また、二〇一四年現在でエジプト、ケニア、ナイジェリア、ウガンダ、ナミビアその他の国々が原子力発電の導入を検討しています。

中ロの政治的援助で変わる途上国での原発見通し

世界で運転中の原発は二〇一九年一月一日時点で四四三基で、発電設備容量は同五〇七万九〇〇〇キロワット増の四億一四四五万四〇〇〇キロワットと、四年連続で過去最高を更新しました。今後も中国やロシアを中心に新設が計画されています。

世界全体で見れば、新興国では経済発展、電力需要の増加が著しく、少量の燃料で大きなエネルギーを取り出すことができ、かつ温室効果ガスを排出しない原子力エネルギーの需要は、拡大の傾向にあります。純経済的にみますと太陽光発電や風力発電などの再生エネルギーが今後コスト的に原発より有利になるとみられていますが、中国やロシアが政治的な背景から、金融面、技術面で援助するとなると途上国が原発を選ぶ可能性があります。

ＩＡＥＡによる二〇一三年の予測では、中東・南アジア地域では、二〇一二年の時点で原子力発電容量は六〇〇万キロワットあり、二〇三〇年には四・五倍から九倍の増加が見込まれ、新興国を中心に原発の新増設は今後も続くことが予測されています。

原発撤退を表明している国

二〇一一年の福島第一原発事故後、ドイツ、ベルギー、スイス、韓国、台湾は、現在原子力発電所を保有するものの将来的な脱原発の方針を表明しました。以上のように、従来の先進国では原発から脱原発への動きが強いようにみえますが、途上国はこれから原発に着手しようとする動きがみられます。

《二》克服不可能な原発の諸問題

原発も原爆も同じですが、扱っている対象が放射能を持つ放射性物質であるという事実です（原発は表の顔で、原水爆は裏の顔です。原水爆の開発と実験、それを運搬する核ミサイルの開発、そして、現在も人類は膨大な原水爆というものを持っています）。原理的に放射能は半減期にしたがってしか減少しません。自然界にこれを消し去ってくれる仕組みが組み込まれていません。

第一章の「《一》人類と核（核兵器、原発）の一〇〇年史」で述べましたように、いわゆる（地球の）自然界の仕組みは化学反応の範囲ですべて行われていて、原子核を分裂（または融合）させる反応はありません（ただし、宇宙からの微量な宇宙線や地球の自然の核崩壊は起きていますので自然界にも一定の放射能はあります。人類を含めて地球上のあらゆる生物は長い時間をかけて、それに適応するように進化してきています。しかし、急激にそれを超える放射能は安全であるという保証はありません）。

つまり、放射能については、これを原理的に打ち消す方法がなく、半減期にしたがって減少するのを待つしか方法がないということです（原理的にないわけではありませんが、原子炉の中で核種変換をやると膨大なコストがかかり、原発の意味はなくなってしまいます）。

人類に半永久的な放射性物質管理が可能か

ウラン等の原子番号の大きい物質は、崩壊後の物質も放射性物質（娘核種）になるため、含まれる全ての放射性元素が崩壊を終え、鉛などの安定同位体に落ち着くまでは、非常に長い期間（一〇万年のオーダー）を要するものもあります。

放射性物質の量は半減期を経過すると元の半分になりますが、残った放射性物質がさらに半分（つまり元の四分の一）になるのにも、同じだけの期間がかかります。たとえば、半減期が約三四年であるセシウムの場合、三四年後に崩壊が終わり消失するわけではなく、三四年後に元の量の五〇％、六八年後に二五％……と量が減っていきます。放射性物質によっては、半減期が一〇万年というものもあり、これは人間の歴史からみると半永久的であるということになります。

つまり、人類の歴史の時間と地球の歴史の時間には『自然の叡智　人類の叡智』で述べましたように時間のギャップがあることを認識しなければなりません。人類が農業を始め、その後、興ったすべての文明を含んでも、一万年にしかなっていません。それを超える年月、人類は核廃棄物を安全に保管できると誰が言えるでしょうか。

ということは、原発では事故が絶対に許されないこと（放射能が漏れないこと）と放射性廃棄物を半永久的に保管管理しなければならないという二点が問題となります。

原発から出る放射性廃棄物の場合、原子炉で燃焼した燃料棒（使用済み燃料）や、作業員が使用した衣服（放射線防護服）やこれの除染に用いた水など多岐にわたります。使用済み燃料は一時保管した後、再処理工場に運ばれます。再処理工場からは、燃料棒の部品、また燃料棒のペレットに含まれる核分裂反応による生成物（核分裂生成物）や、湿式によるウラン・プルトニウムの分離抽出の過程で発生した廃液などの放射性廃棄物が発生します。

さらに運用終了した原子力発電所の解体時には、放射能化により放射能を持った原子炉そのものが放射性廃棄物となってしまいます（軍事分野では、同様の廃棄物として、核兵器製造過程で生じた廃棄物や、耐用年数を過ぎ廃棄処分となった核兵器、耐用年数を過ぎ廃艦処分となった原子力潜水艦、原子力艦船などがあります）。

現代では、原子力施設や核兵器関連施設以外にも、原子力の研究施設や大学、医療分野や民間産業分野、農業分野などでも放射性物質を使用する場合がありますので、放射性廃棄物は発生します（こちらの方は量的には原発などと比べれば、ずっと少ない量です）。

過去に放射性廃棄物の処分については様々な方法が検討されました。海洋投棄（禁止）、氷床処分（禁止）、宇宙処分（アメリカが検討、コストと不確実性から不採用）、地中直接注入（米ソが実施）などが検討され、このうち海洋投棄（各国で実施され一九九三年に全面禁止）と地中直接注入処分（汚染の危険から断念）は実施されましたが、現在はいずれも不可となっています。

放射性廃棄物（「高レベル放射性廃棄物」）の最終処分に関して残る方法は、世界的に深地層への「地層処分」が計画あるいは検討されています。

これらの廃棄物は、半減期の長い長寿命核種（特に、マイナーアクチノイド〈ＭＡ〉のネプツニウム、アメリシウム、キュリウム……には、半減期が数万年に及ぶものもあります）が含まれており、これらは時間経過による減衰はほとんどないため、短寿命で放射線量の多い放射性物質の減衰を目的として、一定期間の管理を行った上で、人間界から隔絶するために地下深くに埋設して処分する地層処分が、関係する諸国で検討されています。

一トンの使用済み核燃料から、高レベル放射性廃棄物は最終的に三〇～五〇キログラム＋αまで減らせますが、大量の低レベル放射性廃棄物が出てしまいます。また、高レベル放射性廃棄物はガラス固化するものの、半減期数万年のマイナーアクチノイド（ＭＡ）と高発熱量の核分裂生成物（ＦＰ）が混入しているため、冷却しながら三〇～五〇年、その後数万年の保管が必要になります。

日本では、二〇一六年八月三一日に、具体的に原子力規制委員会が高レベル放射性廃棄物の最終的処分（管理）の方法を決定しましたが、その方法を次に述べます。

各国の高レベル放射性廃棄物の処分問題

原発が実用化されて半世紀以上になりますが、高レベル放射性廃棄物の処分方法に苦慮し、その処分方法を先延ばししてきたことは各国とも同じです。近年、やっと、二二九ページの表二のように、ほとんどの国で深地層に処分する方針が採られ、処分の実施主体の設立、処分のための資金確保等の法制度が整備されるとともに、処分地の選定、必要な研究開発が進められています。先行しているアメリカ、フィンランド、スウェーデン、フランス、日本について、その検討状況を記します。

①アメリカ

一九八七年の関連法の改正により、ネバダ州ユッカマウンテンが処分場の候補として選定されました。アメリカ・連邦エネルギー省（ＤＯＥ）によって、処分場に適しているかどうかを判断するための調査が一九八八年から実施され、二〇〇一年に報告書がまとめられました。二〇〇二年には、連邦エネルギー省長官が大統領にユッカマウンテンを処分サイトとして推薦し、大統領はこれを承認し、連邦議会に推薦しました。

ネバダ州知事が連邦議会に不承認通知を提出しましたが、ユッカマウンテンを処分場に指定する立地承認決議案が連邦議会上院・下院で可決され、大統領がこれに署名し、ユッカマウンテンが処分地として選定されました。ＤＯＥは、二〇二〇年の処分場操業開始を目途として、二〇〇八年六月に、処分場建設のための許認可申請書を原子力規制委員会（ＮＲＣ）へ提出しました。

その後、二〇〇九年二月にオバマ政権がユッカマウンテン計画を中止して代替案を検討するとの方針に転じたため、二〇一〇年三月、ＤＯＥはＮＲＣに許認可申請の取り下げを申請しました。しかし取り下げは認められず、安全審査が行われることになりましたが、ＤＯＥは代替方策を検討するために特別委員会（ブルーリボン委員会）を設置（二〇一〇年一月）して検討を行い、二〇一二年一月に最終報告書が発表され、八つの勧告が示されました。

二〇一三年一月にＤＯＥは「使用済み燃料及び高レベル放射性廃棄物の管理・処分戦略」を公表し、二〇四八年までに地層処分場を操業開始する等の新たな処分戦略を公表しました。具体的には、二〇二一年までにパイロット規模の中間貯蔵施設の立地、設計と許認可、建設と操業を開始し、二〇二五年までにより大規模な中間貯蔵施設を建設、二〇四八年までに地層処分場を実現できるように処分場のサイト選定とサイト特性調査を進めるというもの

国名	廃棄物形態	処分実施主体	処分予定地	操業予定
アメリカ	使用済み燃料 ガラス固化体	連邦エネルギー省（DOE）	ユッカマウンテン	2048年頃
フィンランド	使用済み燃料	ポシヴァ社（POSIVA） 1995年設立	オルキルオト	2022年頃
スウェーデン	使用済み燃料	スウェーデン核燃料・廃棄物管理会社（SKB）1984年設立	フォルスマルク	2031年頃
フランス	ガラス固化体	放射性廃棄物管理機関 （ANDRA）1979年設立	未定	2035年頃
スイス	ガラス固化体 使用済み燃料	放射性廃棄物管理共同組合 （NAGRA）1972年設立	未定	2060年頃
イギリス	ガラス固化体 使用済み燃料	原子力廃止措置機関 （NDA）2005年設立	未定	2050年代まで
日本	ガラス固化体	原子力発電環境整備機構 （NUMO）2000年設立	未定	未定

表二　高レベル放射性廃棄物処分に関する状況（［出典］原子力環境整備促進・資金管理センター「諸外国における高レベル放射性廃棄物の処分について」を基に作成）

でした。

ところが、二〇一七年年一月に誕生した共和党のトランプ政権は、ユッカマウンテン計画を継続する方針を示しており、中間貯蔵施設の必要性は再認識する一方、超深孔処分のフィールド試験計画を中止するなどの考え方を示し、このような政策の実施に必要な法整備ができない状況が続いています。いずれにしても先延ばしになっています。

②フィンランド
フィンランドでは、一九八三年よりサイト選定が開始され、一九九四年フィンランド原子力条例が修正され、フィンランド国内の全ての核廃棄物をフィンランドで処分することが明示されました。

一九九九年に処分実施主体であるポシヴァ社がオルキルオトを処分予定地として選定し、政府に法律に基づく「原則決定」の申請書が提出されました。二〇〇〇年に地元が最終処分地の受け入れを承認し、その結果を受けて政府がオルキルオトを処分地とすることを決定し、二〇〇一年五月に国会で承認されました。

この設備は洞穴を意味する「オンカロ」と名づけられ、オルキルオト発電所から数マイルの花崗岩の岩盤に建設されました。二〇〇三年八月に施設の建築許可を行い、建築は二〇〇四年から始められました。

建設計画は四つの段階に分けられ、

フェーズ一（二〇〇四年から二〇〇九年）―地下四二〇メートルに存在する設備への螺旋状に下るアクセストンネルの開削。

フェーズ二（二〇〇九年から）―同工程の五二〇メートルまでの継続、貯蔵所設計に反映させるための岩盤特性の研究。

フェーズ三―貯蔵所の建築は二〇一五年に予定されました。

フェーズ四―使用済み燃料のカプセル化と埋葬は二〇二〇年の開始が計画されました。

二〇一二年一二月二八日、ポシヴァ社は政府へ最終処分場の建設許可申請書を提出しました。審査には三年かかると予想されます。現在、放射線・原子力安全センターにより建設許可申請書に係る安全審査が行われていますが、当初予定していた二〇一四年中頃までの完了は大幅に遅れています。

処分場の建設許可が発給された場合、次の段階として政府による操業許可発給が必要となります。オンカロ処分場は一〇〇年分程度のキャニスターを受け入れる大きさがあると予想されています。処分場が満杯になった後は最終的にトンネルごと埋め立てられて密封されます。

③スウェーデン

スウェーデン核燃料・廃棄物管理会社（ＳＫＢ）が、一九九三年から公募または申し入れにより八自治体を対象にフィージビリティ調査を行い、二〇〇〇年一一月にサイト調査の対象として三自治体（エストハンマル、オスカーシャム、ティーエルプ）を選定しました。このうち、サイト調査の実施について自治体議会の承認が得られたエストハンマル自治体とオスカーシャム自治体でボーリング調査を含むサイト調査が行われました。その結果から、二〇〇九年六月にＳＫＢは、地質条件を主たる理由としてエストハンマル自治体のフォルスマルクを最終処分場予定地として選定し、二〇一一年三月に使用済み燃料処分場の立地・建設の許可申請を行いました。

この許可申請の際に提出された安全評価書について、スウェーデン政府の要請に基づいて経済協力開発機構／原子力機関（ＯＥＣＤ／ＮＥＡ）が行った国際ピアレビューの報告書が二〇一二年六月に公表されており、ＳＫＢによる処分場閉鎖後の安全評価は十分かつ信頼ができるとの結果が示されました。処分場の立地・建設の許可申請については、安全規制当局である放射線安全機関が安全審査を行っているところであり、二〇一五年には許可発給権を持つ政府に審査意見書を提出しています。

ＳＫＢが取りまとめた「放射性廃棄物の管理及び処分方法に関する研究開発実証プログラム二〇一三」において提示した処分事業計画では、処分場の建設開始を二〇一九年、操業開始を二〇二九年としています。また、ＳＫＢが操業している使用済み燃料の集中中間貯蔵施設について、貯蔵容量の拡大に係る許可申請を二〇一八年に提出しました。

スウェーデン放射線安全庁は、二〇一八年一月、使用済み燃料の封入プラントと最終処分場、二つの施設の建設許可申請について、許可の発給を促す最終勧告をスウェーデン政府に対して行いましたが、政府としての結論はまだ出ていません。

④フランス

フランスでは、一九九一年に「放射性廃棄物管理研究法」が制定され、地層処分、核種分離・変換、長期地上貯蔵の三つの管理方法の研究が一五年間を期限として実施されました。地層処分については、放射性廃棄物管理機関（ＡＮＤＲＡ）によって、一九九九年一二月からカロボ・オックスフォーディアン粘土層においてビュール地下研究所の建設・研究が行われました。法律に基づいて設置された国家評価委員会（CNE）は、二〇〇六年に三つの管理方法に関する研究成果を総合的に評価しました。

これらをもとに二〇〇六年六月には地層処分の実施に向けて「放射性廃棄物等管理計画法」が制定され、二〇一四年に処分場の設置許可申請、二〇二五年に処分場の操業を開始することが定められました。ANDRAは、ビュール地下研究所を含む二五〇平方キロメールの区域から、三〇平方キロメートルの候補サイト区域を政府に提案し、二〇一〇年三月の政府の了承を経て、同区域の詳細調査を実施しました。

二〇一三年七月から翌年一月にかけて地層処分の設置に関する公開討論会及び市民会議が実施され、これらの総括報告書及び市民会議の見解書は、二〇一四年二月に公開されました。ANDRAは、これらの結果を受けた提案を二〇一四年五月に政府へ提出しました。

フランスのナンテールの裁判所は二〇一五年三月末、ビュールの処分場建設計画に反対する六団体が、計画を進めるANDRAを相手に起こした訴訟で、訴えを却下する決定を出しました。六団体は、ANDRAがビュールの地下水脈の存在を過小評価し、処分場候補地選定に向けて誤った情報を提供したとして違法行為に該当すると主張していました。

最終処分場を巡る反対派とＡＮＤＲＡの対立は続いています。

⑤日本

二〇一六年八月三一日、原子力規制委員会は原発の廃炉で出る放射性廃棄物などの処分方法を決定しました。

原発廃炉廃棄物は国が一〇万年管理する

原発の廃炉で出る放射性廃棄物は、①使用済み核燃料から出る放射能レベルが極めて高い高レベル放射性廃棄物と、②原子炉の制御棒など放射能レベルが比較的高い廃棄物Ｌ１と、③原子炉圧力容器の一部などレベルが比較的低い廃棄物Ｌ２と、④周辺の配管などレベルが極めて低い廃棄物Ｌ３に大きく分けられます。

①使用済み核燃料から出る高レベル放射性廃棄物の処分方法は、地震や火山の影響を受けにくい場所で三〇〇メートルより深い地下に埋め、電力会社に三〇〇〜四〇〇年間管理させる。その後は国が引き継ぎ、国が一〇万年間管理する。

②Ｌ１は地下七〇メートルより深くに一〇万年、③Ｌ２は地下十数メートル、④Ｌ３は

地下数メートルとなりました。

最もレベルの高い使用済み核燃料から出る高レベル放射性廃棄物の最終処分地は国が科学的見地から選定して自治体等の同意を得るとしています。いずれにしても、一〇万年間とは、地質年代の単位であり、人類の歴史の単位ではありません。一〇万年間といえば、ホモサピエンス（現代人）が世界に分散する前、すべてアフリカで狩猟漁労の生活をしていた時代です（多分、数万人だったでしょう）。一〇万年先まで日本国が存続しているでしょうか。国が管理（監視）するということはありえないことであるし、その費用は天文学的になってしまうでしょう。

日本学術会議は、「現在の科学では、数十万年の安全を証明できない。従って、現段階で地層処分すべきではない」と提言しています。再び原発の本質が問われる問題でありす。やはり、放射能とは人類が扱える〝しろもの〟ではないのです。

三〇〇〜四〇〇〇年間といえば、江戸時代のはじめから現在までの期間と同じです。日本国はともかく、その間、電力会社が存続するでしょうか。これもありえない話です。

規制委員会は②のL1について、コンクリートなどで覆って七〇メートルより深い岩盤内に少なくとも一〇万年間は埋める必要があると結論づけました。③は、電気事業連合会は、国内の原発五七基が廃炉になれば、L2だけで八〇〇〇トンの廃棄物が出ると試算しています。今後も新規原発を建設していけばその廃炉がこれに加わってきます。膨大な費用がかかります。

処分地はL1〜L3とも、電力会社が確保する必要がありますが、候補地選びは難航しそうです。すでに廃炉作業が始まっている日本原子力発電東海原発（茨城県）では、最も放射能レベルの低いL3に限って原発の敷地内に埋めることを二〇一六年一月、地元が容認しました。しかし、これが受け入れが決まった全国で唯一の例で、L2やL1の受け入れを容認した自治体はありません。

核種変換（消滅処理）はコスト的に可能か

また、核分裂生成物（FP）の三〇年減衰保管管理はコストがかかり、半減期の長い長寿命核種を数万年も管理はできないので、高速増殖炉／加速器駆動未臨界炉で中性子を当てて核分裂させ半減期の短い物質に変えて燃やしてしまう処理方法も研究されています。

特に加速器駆動未臨界炉の場合、例えば八〇万キロワットの加速器駆動未臨界炉ではマイナーアクチノイド（MA）を六〇%以上含む燃料を装荷して、軽水炉一〇基分のMAをまとめて焼いて短半減期に変えてしまうことができるため、研究が進められています。これを核種変換（消滅処理）といいます。しかし、核種変換ができたとしても、その原理からしてコストが高くなってしまうことが予想され、原発で発電する意味がなくなってしまいます。

すでに満杯状態の放射性廃棄物

このように原子力発電の最大の問題点は、放射性廃棄物の処理方法がないままに実用に供してしまったことです（その経緯はアメリアの原発開発で述べました）。たとえば、これを日本においてみると、原発が稼働してから、まだ、四〇数年ですが（徐々に基数を増やして最高五四基になりましたが）、すでに様々な放射性廃棄物の保管・処理が問題となっています。その大半は最終処分待ちの状態で各原発、核燃料施設、研究施設などで保管されています。

前述しましたように、福島第一原発事故後、トリチウムを含む処理水を一〇年間タンクにため込んでいましたが、結局、政府は薄めて海に流すことにしました。放射性廃棄物についても、そんなことはありえませんから、いずれにおいても日本のどこかに地下処分地を決定し、前述の原子力規制委員会の処分方法にしたがって、地層処分するしかありませんが、受け入れるところはないでしょう。

原子炉は原理的にコントロール不能

原発の歴史で述べましたように、放射性物質は原子炉の中で制御されているときだけ安全で一旦、電源喪失、冷却不能、その他の原因で制御できなくなると暴走を始め、原子炉のメルトダウンが始まって、それが終了するまで止める方法がありません（チェルノブイリのようにコンクリートや鉛で石棺にして何千年、何万年も置いておくしかありません）。

普通の機械・プラントは電源が切れたり、故障したりしたら、そこで止まりますが（爆発してもそれで止まりますが）、原子炉はそれから暴走が起こり、メルトダウンが始まり、それはいかなる方法でも止めようがありません。しかも、膨大な放射能をまき散らし、その影響がなくなるまでには万年のオーダーとなり、その周辺はまったくの不毛の地となってしまいます。

このような機械システムについては、人類はまだ、原理的に取り扱いの方法論をつかんでいません。人類が機械らしい機械を作り始めて、つまり、イギリスの産業革命以来、二五〇年になりますが、新しい機械システムの導入には事故がつきもので、根本的にその原因を調査して（その結果、それまでの人類が知らなかった新しい知見を得て）、新しい設計法を生み出し、それで試作・実験・破壊試験をして、事故時の対策などのソフト面もマスターして、この世の中に一つ一つ新しい機械システムを導入してきています（それでも、また、事故は起きています。その原因を究明して……その繰り返しでこの世の機械システムは存在しているのです）。

つまり、機械設計をするときには、最初に理論的な強度計算をして、その計算より何倍かの安全係数をかけて設計をして、全機試作して、それを破壊（爆発させて）して、予定通りの強度なり性能が出るかを確かめてから実用に供されています。その過程でフェイルセイフ（fail safe。誤操作・誤動作による障害が発生した場合、常に安全側に制御する設計手法）の思想で、必要なところには二重、三重の安全装置を組み込んでおくようにしています。

ところが、この原子力発電システムは、原子炉が冷却できなくなったら、お手上げになる機械システムです（原理的にいかんともしがたい。原子炉が爆発しないようにバルブを開けて放射能を放出し続けるしか、あるいはメルトダウンにまかせるしかありません）。

これでは安全な機械システムとはいえません。人類は、まだ、基本的に安全な原子力発電システムを開発していなかったのです。ある条件下においては安全であるが、ある条件下では手がつけられない。これでは開発したことにはなりません。

全機破壊試験もしていないようです（アメリカは初期の段階でやっているかもしれませんが、情報公開していませんから、他の国はわからないでしょう。セラフィールドでも、スリーマイル島でもチェルノブイリでも福島第一原発でもメルトダウンしているかどうか（実際にはこの四件はすべてメルトダウンしていました）、わからないだろうし、わかったとしてもどうしようもなかったでしょう。もともと対処のしかたなど、なかったのですから。

ある科学技術者が事故の確率論で、原発事故は隕石が落ちる確率より少ないとか、原発事故での死者は航空機事故の死者より、はるかに少ないとか言っていましたが、事故の影響が広範囲で万年も続くものがあるのでしょうか。タンカー事故も海洋を汚染して良くないことはもちろんですが、それでも海にはあの石油を食べてくれる微生物がいて、数年後には海も自然を取り返します。陸上の汚染も何らかの生物がやがて自然を回復してくれます。放射能を食べてくれる微生物はいないのです（大量の廃プラによる海洋汚染、地球汚染も大問題です)。『自然の叡智　人類の叡智』の二〇世紀前半の科学で述べましたように、この地球上は、10のマイナス9乗の世界、つまり、原子核の外を回っている電子の世界ですべての化学反応は起きていてそれで間に合っています。核分裂（核融合も同じ）は10のマイナス10乗以上の世界のことであって（普通は太陽や宇宙の世界で起きていることです)、地球上では、私たち人類が人工的に作り出したもので、地球の自然はそれを（経済的、安全に）処理できないのです。それを私たち人類が原発を五〇〇基、一〇〇〇基と増やしていったら、五〇年後、一〇〇年後（その前にウラン埋蔵量が尽きますが）……の子孫がどうなるか考えてみてほしいのです（個々には微量の放出であっても、最後はすべて地球の環境〈海など〉が受け皿となり、放射能は徐々に高まります)。

いずれにしても、以上のように放射性廃棄物の最終的な処分対策・技術は未確立の状態であり、これは「トイレ無きマンション」などと表現されていますが、人類の未来がかかっており、「トイレ無きマンション」よりはるかに深刻です。

これは『自然の叡智　人類の叡智』の原爆開発の歴史で述べましたように、放射性廃棄物がどうなるなどあまり考えず、とにかくマンハッタン計画で原爆を開発した経緯、多くの科学者の反対を押し切って原爆を日本に使用した経緯、つまり、無思慮にパンドラの箱を開けてしまった経緯、戦後アメリカが核の独占を図ろうとして国際管理を拒否した経緯、核の平和利用をアピールしたかったアイゼンハワー大統領の時、安全性を厳密に検討せず、つまり、メルトダウンを不問にして原発を大型化したこと、放射性廃棄物の最終処分方法の技術が未確立のまま（検討すれば原理的に経済的な範囲でそのような技術はありえないことがわかったはずです）、やっているうちに何とかなるだろうという甘い考えから、見切り発車した経緯などから生じてきたことです。とても資本主義の長期的、合理的、科学的精神とは相容れないものであると言えましょう。まさに戦時経済の発想で現在も押しまくっているのです。

過去七五年間解決できなかったこの核分裂エネルギーの本質的な問題点は、今後、七五年経っても答えは出ないでしょう。神でない人類は（神は人類が発明しましたが）〝絶対〟安全な機械システムは開発できないのです。人間は〝絶対〟安全に運転することはできないのです。人間には〝絶対〟という言葉は使えないのです（この世にはアンノウンのことが存在するのです）。しかし、核分裂と高放射性廃棄物は〝絶対〟に危険であり、人間とは〝絶対〟に同居できないのです。原爆開発も原発開発も人類が冒した最大の間違いで、二一世紀の世界に先送りするのではなく、核兵器も原発も一刻も早く中止し白紙に返すべきです。これの処分方法はただ一つ、パンドラの箱を閉めるしかありません（核兵器の廃絶については、『人類はこうすれば核兵器を廃絶できる　核兵器廃絶へのシナリオ』［幻冬舎、二〇二一年一一月刊］に記しています）。

《三》人類のエネルギー選択―人類は原発と同居できない

人類とエネルギーの歴史

人類の歴史とエネルギーの推移を示しますと図五のようになります。

一〇〇万年前、東アフリカのホモ・エレクトスの頃は、人類が使用できるエネルギー（一人一日当たり）は食料による二〇〇〇キロカロリーほどのものだけでした。

一〇万年前、ホモ・サピエンスは暖房や肉を焼くため、あるいは肉食動物から身を守るため薪を燃やしました。

紀元前五〇〇〇年の肥沃な三角州地帯では、農耕に家畜を使うようになり、使用エネルギーは一万二〇〇〇キロカロリー（家畜は一馬力、人間は〇・一馬力）になり、遠い祖先に比べて六倍ほどに増加しました。人類は文明を発展させ、水車や風車、帆船など自然エネルギーの一部を使用するようになりました。西暦一四〇〇年に豊かな暮らしをしていた北西ヨーロッパ人は二万六〇〇〇キロカロリーのエネルギーを消費していました。

一七六〇年頃からイギリスで石炭を使い産業革命が起きました。一九世紀のイギリス産業人の使用エネルギーは七万七〇〇〇キロカロリーに達していました。

一八五九年、アメリカのペンシルベニア州で鉄道員だったエドウィン・ドレークが機械掘りで石油を採掘し、これが近代石油産業の始まりとなりました。二〇世紀に入り石油の時代が到来し、一九七〇年のアメリカ人の使用エネルギーは二三万キロカロリーでした。

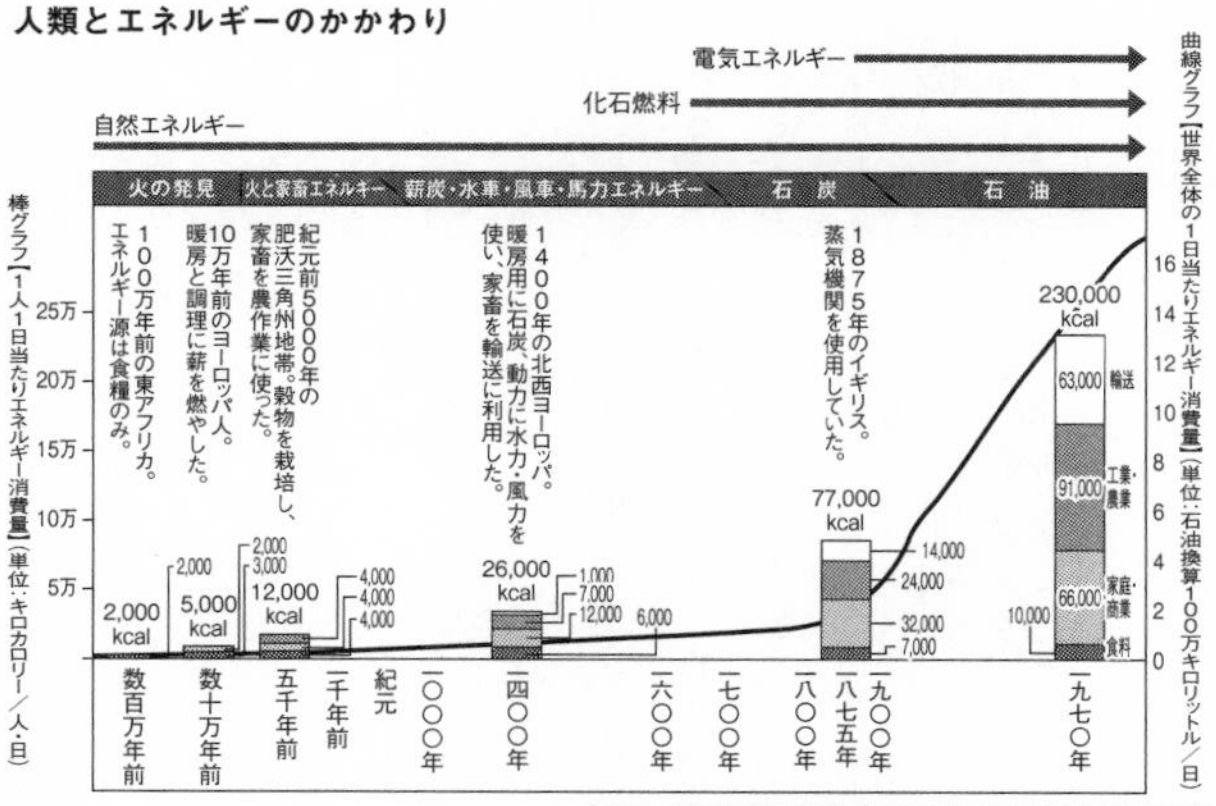

（出典）総合研究開発機構「エネルギーを考える」を基に作成

図五　人類とエネルギーのかかわり

現在の日本人一人一日当たりの消費エネルギーは五一万キロカロリー、石油に換算して毎年四・五トンにもなります。日本全体では約五・六億トン、この巨大なエネルギーが私たちの快適な生活を実現しています。

人類は産業革命で新規産業を興して人口を増やしてきた

農業社会に大きな変化をもたらしたのが、一七六〇年頃から始まったイギリスの（第一次）産業革命でした。人類は石炭をエネルギー源とする蒸気機関を発明し、コークスを使って安く鉄を大量生産する製鉄業を生み出し、各種機械を生産する機械工業、大量の石炭やヒトを輸送する汽車や汽船などの輸送産業などが興りました。この工業によってイギリスは人口が増えて、都市が発展していきました。

このイギリスの産業革命（工業化）は、まず、フランス、ドイツ、オランダなどのヨーロッパに広がり、独立したばかりのアメリカに伝播しました。これを模式的に描くと、図六のように、世界どこでも同じようだった農業社会に第一次産業革命で工業が持ち込まれ、人口増加が今までより大きくなりました。

そして第一次産業革命の成果を取り入れて発展したドイツ、アメリカで、今度は一九世紀の後半から二〇世紀の前半にかけて、科学を基礎とした第二次の産業革命が起こりました。鉄鋼業、人工染料などの化学、電気、内燃機関の自動車、航空機、それらをエネルギー面から支えた石油産業などの技術革新が進み、新産業が興こりました。第二次産業革命の成果もたちまちヨーロッパ、ロシア、日本にも取り入れられました。人類社会はこれによって、また、多くの雇用機会を生み出しました。

同じように第二次世界大戦後、アメリカは戦時中の軍事技術の成果を民需に応用して、コンピューター（情報通信）産業、原子力産業、宇宙産業、バイオ産業などを興しました。この第三次産業革命のときに、原子力発電が実用化され、人類は使用エネルギーの一～二割を核分裂エネル

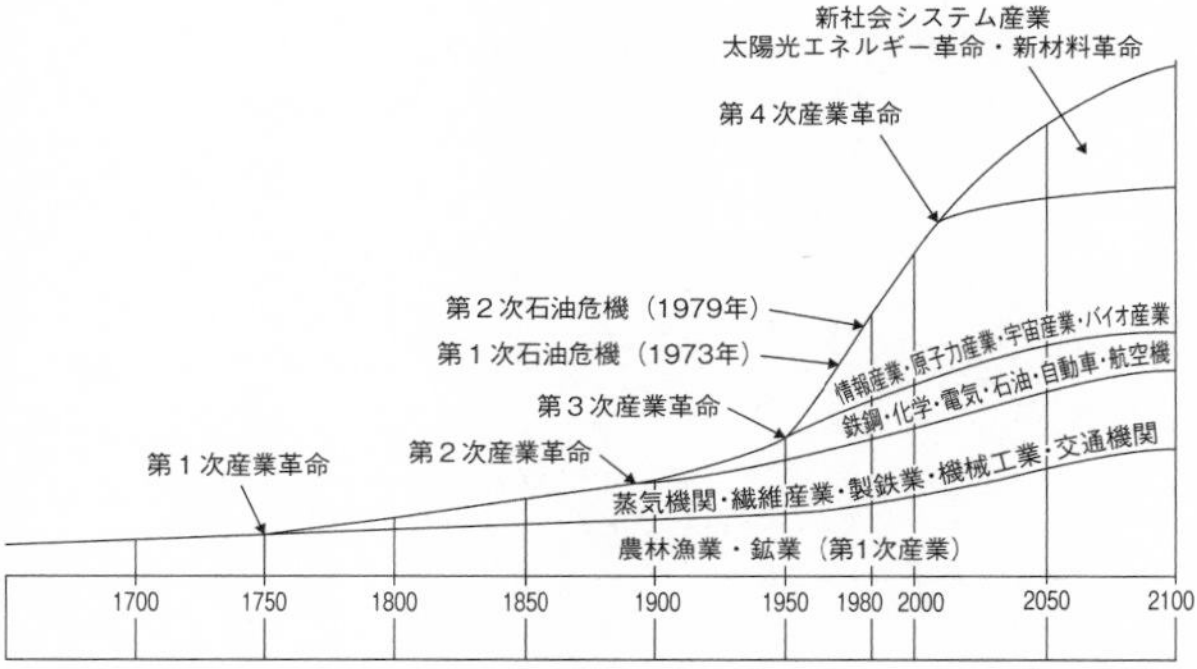

図六　産業革命と新規産業

ギーに頼るようになりました。

この第三次産業革命の成果も、たちまち、ヨーロッパ、ソ連、日本などの先進国に取り入れられ、その後、東アジア、東南アジア、その他の世界に普及していきました。これによって、世界のＧＤＰはまた、図六のように大きくなり、人口も六〇億人を超えていきました。

これをエネルギー面で見ますと、過去の第一次産業革命では石炭、水力、第二次産業革命で石炭、水力に石油が加わり、第三次産業革命では石油主導、石炭従の化石エネルギー、水力従に原子力が加わりました。このように産業革命はいずれも新しいエネルギーが出現して、増大したエネルギーによって新規産業を追加して、人口を増やしてきました。

エネルギー技術はそれほど産業の基幹技術であって、それが変わるとそれに合わせて産業システムも社会システムも生活システムも変わるという性格を持っていました。今までの産業革命をまとめますと、二五〇ページの表三のようになります。

第一次～第三次の産業革命は、いずれも、あとからかえりみて産業革命があったという結果論ですが、一九九五年（インターネットが出現）～二〇一五年頃（ゲノム編集が実現）の間に多くの新技術が出現しましたので、第四次産業革命ともいうべきものが起きるであろうと考え、表三に第四次産業革命も加えました。

情報通信産業の技術革新は第二次世界大戦後から現在まで続いており、どこで第三次と第四次に分けるかですが、インターネットは情報革命ともいうべきもので、これが世界に普及した一九九五年以降を第四次産業革命とする考え方もあります。今やＡＩ（人工知能）によって、人知のおよぶ限り（過去の人類の叡智をすべて入力すればいいのですから）の思考が可能となり、これも画期的な技術の出現です。ゲノム編集技術は生物の遺伝子を画期的に速く改変できる技術であり、これも革命的な技術です。そこでＡＩやゲノム編集が出現した二〇一五年頃から第四次産業革命が始まったと考えることもできます。いずれにしても、現在は第四次産業革命の只中にあります。

この第四次産業革命は人類叡智の到達点ともいうべきもので、物づくりにおいては、ナノレベルの計測・製造が可能となりました。第一次産業革命以来、計測と加工技術は不断の進歩がありましたが、人類はついに究極の段階に達し、ナノレベルに達しました。

このナノか、その一〇分の一のオングストロームが分子、原子の段階であり、ここまでくると、理論上、化学反応でできるすべての物質の計測・加工ができる、つまり、何でも計測し作り出せることになります。その先は核分裂反応の段階で放射能が出る世界です。

めったなことでこの世界に踏み込んではならないのです。

しかし、ここまでくると、私たちの生体細胞（ミクロン・オーダーの世界）より、小さい物（ナノ段階のもの）が作り出せるようになり、生体の細胞や生体膜をすり抜けることも起きてきますので、この段階から、作っていいものと、作ってはならないもののテクノロジーアセスメントや製造禁止規準を厳しくすることが

基幹技術	計測・製造技術レベル	エネルギー技術	情報技術	材料技術	産業
第1次産業革命（1760～1850年）イギリス中心	10^{-2}～10^{-3}m（ミリレベル）の計測・加工	石炭（蒸気機関）	郵便制度	鋳鉄錬鉄	繊維産業 製鉄業 機械工業 汽車・汽船
第2次産業革命（1860～1930年）ドイツ・アメリカ中心	10^{-4}m（1/10ミリレベル）の計測・加工	石油（内燃機関）（電気）	新聞 ラジオ 電信・電話	鉄鋼 ガラス プラスチックス	鉄鋼業・化学・電気・石油・自動車 航空機・化学 プラスチックス産業
第3次産業革命（1945～1990年）アメリカ中心	10^{-6}m（ミクロン）の計測・加工	原子力発電	テレビ コンピューター 情報ネットワーク 拡張モバイル革命	プラスチックス 炭素繊維 半導体材料 バイオ材料 再生生体材料	情報産業 原子力（発電）産業 宇宙産業 バイオ産業
第4次産業革命（2015～2045年）ヨーロッパ・日本・アメリカ・中国を中心に世界中に波及	10^{9}～10^{10}m（ナノレベル）の計測・加工	太陽光発電 その他の自然エネルギー 原子力放射性廃棄物	↓	ナノ材料 ナノバイオ材料 テクノロジーアセスメントが必要な分野	太陽光エネルギー産業 新社会システム産業

表三　第一～四次産業革命の特徴

必要になってくるでしょう。人類はその基準をきちっと決めてそれを守らないと自ら墓穴を掘ることになります。そういう意味で表三の第四次産業革命において、計測・製造と材料分野には要注意の網掛けをしました。エネルギーの分野でも原子力の核兵器と原発は放射能の分野で人類と同居できないので同じく要注意の網掛けをしました。

この第四次産業革命の時代に、世界人口は現在の七八億人から九〇～一〇〇億人近くになると予測されていますが、それを可能とする豊富なエネルギーが必要になります。ちょうど間に合って太陽光発電技術が本格的に実用化されていくことになりました。

パリ協定

二〇一五年一二月に国連気候変動枠組条約の「パリ協定」がまとまり、二〇一六年一一月に発効しました。

パリ協定の目的は、産業革命前からの世界の平均気温上昇を「二度未満」に抑える。加えて、平均気温上昇「一・五度未満」を目指す（第二条一項）ことです。そのために世界の温室ガス排出量を可能な限り早期に減少に転じさせた上、今世紀後半に海や森林による吸収分と相殺して排出量を実質ゼロとする長期目標を盛り込んでいます。

ところが、二〇一八年八月、独ポツダム気候影響研究所、コペンハーゲン大学、ストックホルム・レジリエンス・センター、オーストラリア国立大学の科学者は「ホットハウス・アース説」をアメリカの科学アカデミー紀要（PNAS）に発表しました。

それによりますと、温暖化によりアマゾンの熱帯雨林が縮小したり、北極の永久凍土と南極の海氷が融けたりすると、熱帯雨林や永久凍土や海氷に貯蔵されていた二酸化炭素が大気中に放出され始め、気温がさらに上昇する、そうなると、他の転換要素がドミノのように次々と活性化されていき（この論文では一〇の自然現象を上げています）、地球全体がさらに高温になっていき、こうしたドミノ現象は、一度始まってしまうと、（人力で）止めることはほとんど不可能であり、結局、ホットハウス・アースが現実のものとなり、地球は人が住める場所ではなくなってしまうというのです。

ここに挙げられた一〇の自然現象は、夏季の北極と南極における海氷の減少による気温の上昇、北極と南極の氷床の減少、シベリアなどの永久凍土の融解、世界中で頻発する「消えない」山火事など、いずれもすでにそれと思われる現象が起こっています。

しかもその二酸化炭素の量は膨大です。たとえば、北方の永久凍土に蓄えられている有機炭素の量は一兆三三〇〇億トン～一兆五八〇〇億トンと推定されています。温暖化で永久凍土が融解すれば、地中のメタンが放出されて温暖化がさらに進み、それによってメタンの放出がますます増えます。すでにシベリアでは数年前から、メタンが放出された大きな穴や傾いた建物などの報告があります（二〇一七年四月、ロシア・ヤマル半島の永久凍土が融け、メタンガスの圧力が地中で高まって爆発した直径数十メートルの穴）。

このようなパリ協定の予測より早く急激に高温化する地球温暖化を「劇症型地球温暖化」と称していますが、この論文をまとめたポツダム気候影響研究所長のハンス・ヨアヒム・シェルンフーバーは、「劇症型地球温暖化が起きる閾値《しきいち》が何度なのか、もう、始まっているのか、いまのところわからない。一刻も早く、二酸化炭素の排出をゼロにするべきである」と言っています。つまり、パリ協定を待つことなく、やれるところから、一刻も早く地球システムを脱炭素化システムに転換するしかありません。

太陽光エネルギー革命

ドイツでは、現在では約五〇ヶ国に広がっている再生可能エネルギーの固定価格買取り制度（ＦＩＴ）の元となる制度を早くも一九九一年に導入、二〇〇〇年には、「再生可能エネルギー法」を制定、正式にＦＩＴを導入し、再生可能エネルギーによる発電量を、二〇二〇年までに二〇％にするという目標を掲げました。FITで買取り対象となっている再生可能エネルギーは、太陽光、風力、水力（五〇〇〇キロワット以下）、地熱、バイオマス（二万キロワット以下）でした。

その結果、ドイツの電力消費に占める再生可能エネルギーの割合は二〇〇〇年時点ではわずか六％でしたが、二〇一〇年までに倍の十二％までにすると宣言し、やってみたら、ほぼ三倍近い十七％までに上がりました。二酸化炭素の削減でも、京都議定書の目標である二一％削減を超える二二％削減と目標を達成しましたが、その削減の半分が自然エネルギーによるものとされています。

そして、ドイツは、福島第一原発事故直後の二〇一一年七月には、二〇二二年までに十七基の原子力発電所をすべて閉鎖、再生可能エネルギーを中心とした社会に転換することを閣議決定しました。まず、政府が将来を見通して何をどうするか方針を決定しなければ、この温暖化問題はどうしようもありません。

太陽光発電でも、ドイツはトップランナーとして快走を続けています。太陽光発電では、かつて日本は今とは比較にならないほど小さな市場であったものの、世界一の規模を誇っていました。その日本をはるか後方に抜き去ったドイツは、二〇一〇年のたった一年間で、七四〇万キロワットもの太陽光発電機器が設置されました。これは設備容量で原発七基分、発電量でも一・五基分に相当しました。

さて、そこでドイツではいつ家庭用電力料金と太陽光発電システムの発電コストが等しくなるグリッドパリティに達したのでしょうか。二〇一二年の電気料金は二四・六八ユーロセント／キロワット時で、太陽光発電に対する固定価格買い取り制度の買い取り価格は、二八・七四ユーロセント／キロワット時でした。この二〇一二年には家庭用電力料金と太陽光発電システムの発電コストが等しくなり、グリッドパリティが達成されました。まさに、太陽光エネルギー革命が起きたのです。

太陽光発電がグリッドパリティに達しますと、政策上の支援が全くなくても、市場原理だけに従って普及が進むようになります。

世界最大の（コストが最低の）ソーラーパネル・メーカーは、アメリカ・アリゾナ州に本社を置く米企業ファーストソーラー社です。一般的な結晶シリコンではなくテルル化カドミウム（CdTe）を使い、より低コストで様々な温度や太陽光の条件下でも発電能力の高いソーラーシステムを生産しており、ファーストソーラーの太陽電池はグリッドパリティを達成したようです。

グリッドパリティの目安は、太陽電池システムの生産コストにして一ワット当たり一ドルとされますが、アメリカのファースト・ソーラーの一ワットの発電能力当たりの製造コストは、二〇〇七年には一・二三ドル、二〇〇八年には一・〇八ドルでした。それが、二〇〇九年に一ドルの壁を突き破り〇・九八ドルとなり、二〇一二年に六七セントになったことを発表し、二〇一七年までに、太陽電池システムの一ワット当たりのコストはさらに下がり、四〇セント未満になることが見込まれています。コスト低減の最大要因は生産効率の向上と規模の拡大です。実際にカリフォルニア州など一部地域でのグリッドパリティ達成が報告されました。まさに、太陽光エネルギー革命が起きたのです。

世界の太陽光の発電量に占める中国の比率は二〇一〇年の二%から二〇一八年に三二%まで急上昇しました。世界で新設される設備の四割は中国製になっています。ソーラー産業は、ジルコンソーラーなど中国勢が世界上位を独占しています。日本市場も二〇一三年は国内製品が七割でしたが、二〇一九年には中国など海外製品が六割を占めました。中国は巨大な内需を背景に量産効果が出て価格競争力をさらに強めていっています。

逆に太陽光発電が軌道に乗り、習近平主席は二〇一九年九月に二酸化炭素の「二〇六〇年ゼロ」を表明しましたので、さらに太陽光発電が加速すると見られています。

二〇二〇年九月、内モンゴル自治区オルドス市の砂漠地帯に建設されたダラト太陽光発電所は広さ六七平方キロメートルと山手線の内側に匹敵し、原発二基分の二〇〇万キロワットの発電能力を備えていて、コストは一キロワット時で四円強と日本の太陽光発電の三分の一を下回るまでになっています。この四円というコストは太陽光エネルギー革命です。

このように太陽光発電は規模の拡大と技術革新（研究開発で発電効率をアップさせること、つまり、現在一〇％のものを二〇％、三〇％へと上げていくのです）の両面から攻めていけば、基本的には、電力が「ただ」と思えるほどになるのです。かつてと比較すると現在の情報は「ただ」のようなものです。太陽光発電は、これからです。日本では太陽光発電で後れをとったと思う必要はまったくありません。

ドイツの場合は、すでに述べましたように、二〇一二年にグリッドパリティに達しました。ドイツ以外でも、アメリカも州によっては、グリッドパリティを達成しています。イタリアは既にグリッドパリティが達成されているとの指摘もあります。ヨーロッパでは、二〇一二～二〇二〇年には条件の良い国・地域から、既存の火力発電などと発電コストで競うようになると見られ、既に条件の良い国や地域では既存の電源と同等、もしくはより安くなり始めています。日照量の多いサウジアラビアやオーストラリアの太陽光発電のコストは二〇二〇年までに極めて低くなり、産油国のガス火力のコストよりも安価になるとの予測もあります。

日本は太陽光発電のグリッドパリティが実現しているか

では日本ではどうかということですが、新エネルギー・産業技術総合開発機構（NEDO）は、家庭用電力並み（日本において二三円／キロワット時）になることを第一段階グリッドパリティ、業務用電力並（同一四円／キロワット時）になることを第二段階グリッドパリティ、汎用電源並（同七円／キロワット時）になることを第三段階グリッドパリティと定義しています。

日本国内においては、太陽光発電の補助金が中断した二〇〇五年頃から国内市場は縮小・コスト増加傾向を示しました。このため二〇〇九年からドイツと同じように再生可能エネルギーの固定価格買取り制度（FIT）が施行され、価格も再び下がり始め、急速に普及し、二〇一〇年の発電コスト四〇円／キロワット時から、二〇一六年には十八円／キロワット時と半額以下になりました。これは家庭用の小売り電力については実質的にグリッドパリティに到達していると見られ、今後もさらにコスト削減が続く見通しです。

ここまでくると、政府が本腰を入れて、太陽光発電への転換方針と発電量目標を示せば、太陽光発電は、業務用電力並あるいは汎用電源並に、量産効果で一気にコストは下がり、グリッドパリティに達するのは明らかです。

太陽光発電が最も経済的であるとなれば、それは短期間で普及していきます。それは戦後、石炭から石油に短期間で転換した「流体革命」の例からも明らかなことです。

人類は分散型の太陽光エネルギーでもやっていける

二五〇年前にイギリスの産業革命で石炭を使うようになって、はじめて集中的なエネルギー利用がはじまり、その後の石油・天然ガスも原子力も集中的なエネルギー利用形態が続いて、私たちにはエネルギーとは、集中的なものでなければならないという観念ができ上ってしまいましたが、エネルギーの歴史で述べましたように、産業革命が起きる前までは太陽エネルギーのように分散的なエネルギー利用しかありませんでした。

これだけ複雑化し巨大化した現代社会から、この三〇年で化石エネルギーが使えなくなる、また、原子力エネルギーも、少なくともこれ以上使えなくなるとすると、頼りになるのは電気だけです。

これだけ人口が増え、これだけの産業や都市の時代になってしまいましたから、この膨大なエネルギーに代わるものは、太陽エネルギーしかありません。まさに太陽光から電気を取り出す技術が間に合って、できていたから、人類は何とか望みをつなぐことができるのです。

今、最も重要なことは、その分散的な「電気」エネルギーを集めてでも私たちはやっていけるということを実証しなければなりません。まさに革命的で私たちのエネルギーに対する観念を変えなければならないところにきたのです。

太陽光発電は面積当りの発生電力が少ないため、日本のように従来、国土が狭いといわれているところでは、無理だと頭から決めてかかるのではなく、やるとなるとどうなるか、どれだけの設置場所を必要とするか、それをどう確保するかを検討してみましたが（太陽光発電の効率一〇％）、その結論だけを次に挙げます（詳細は、拙著『「グローバル・サンシャイン計画」で防ぐ劇症型地球温暖化』〔幻冬舎、二〇二一年五月刊〕に記しています）。
①屋根などで総電力の約三〇％が賄える。
②屋根と未利用地で総電力の約七〇％が賄える。

③全電力を賄うには国土の一・四％の土地（平場だけのときは四・六％の土地）が必要となる。

④輸送などを含めて全エネルギーを電力にすると国土の六・四％（平場だけのときは九％、効率を二〇％とすれば三・二％）が必要となる。

その六％または九％の土地を狭い国土からどうひねり出すかですが、わが国の国土利用の現況（国交省の二〇一〇年『土地白書』）は、森林六六・四％、農用地一三・二％、宅地四・七％、道路三・三％、水面・河川水路三・五％、その他八・九％となっています。

国土の森林は六六・四％もありますが、農業や宅地としては使えない傾斜の緩やかな山地がかなりありますので（今はほとんど荒れ地となっています）、これを有効利用できると思います（現在の日本には、三〇〇万ヘクタールの耕作放棄地、四一〇万ヘクタールの未明地があることがわかっています）。

太陽光パネルは、現在のような設置型だけでなく、後述しますように壁に貼りつける方法、塗る方法、幕のように垂らす方法、テントのように張る方法などもできるようになります。まさに建築士、都市計画者の出番となるのではないでしょうか。日本の山河と田園風景のなかに、うまくデザインして調和させることができるのではないでしょうか。

太陽光発電が、前述しましたように、技術革新と規模拡大によって、発電コストが急速に下がって、世界各地でグリッドパリティが達成され、その後も太陽光発電のコスト低減は続き、他の発電方式と比べて最も低価格になりますと、爆発的に普及拡大していき、世界中で太陽光エネルギー革命が起きるでしょう。石炭から石油の転換期にもそれが起き、「流体革命」といわれました。太陽光発電は第四次産業革命時代を主導するエネルギーとなり、太陽光資源をもとに興る太陽光産業は第四次産業革命の中核を成す産業分野となるでしょう。

化石エネルギーの見通し

一九七三年の第一次石油危機、一九七九年の第二次石油危機のあとでは、人類の願いはできるだけ、化石エネルギーを長くもたせたいということでした。ところが、一九九〇年代に地球温暖化問題がわかってからは、できるだけ早く化石エネルギーから他のエネルギーに転換しなければならなくなり、さらに劇症型地球温暖化が明らかになりますと、即、化石エネルギーを他のエネルギーに転換しなければならないとなりました。

それぞれのエネルギーの可採年数を見ます。

石油は、可採年数は五三年、非在来型石油を入れれば、おそらく一〇〇年はあるでしょうが、石油火力発電は、現在でも最もコストが高くなっていますので、また、地球温暖化ガスの排出量も石炭に次いで多いので、今後は発電には使われなくなっていくでしょう。自動車などの輸送関係では、石油が重要になっていますが、これもＥＶ化に世界の大勢は動いており、炭素税などが課されれば、ＥＶ化が促進されるでしょう。

天然ガスの可採年数は二〇一二年末時点で五六年ですが、非在来型のシェールガスなどを入れると一〇〇年以上あるでしょう。しかし、非在来型のシェールガスなどはもともと高コストで採算が合うものですから、今後、コストが上がることはあっても、下がることはあまりないでしょう。従来の天然ガスも大きく値下がりすることは考えられませんので、結局、今後の大幅なコストダウンが続く太陽光発電にはかなわないでしょう。

また、天然ガスは石炭、石油より炭素が少ないと言っても、それぞれ四割、二割ダウンですから、大量の温室効果ガスを排出するという点では石炭、石油と同じことです。当分、石炭火力から太陽光発電へのつなぎとして使用されるようになるのではないかと考えられています。しかし、もともとシェールガスはある生産コスト以上でないと成り立ちませんので、アメリカではシェールガス発電より、太陽光発電が安くなっているところも出てきています。

石炭の可採年数は二〇一二年末時点で一〇九年になり、火力発電などにおいては、長期的に見て化石エネルギーの中では最も価格は割安になることは変わりません。しかし、長期的に見て、太陽光発電がさらに石炭火力より安くなる可能性が高いと見られています。

しかも石炭は、化石エネルギーの中で二酸化炭素などの排出量が最も多いため（石炭：石油：天然ガス＝一〇：八：六の割合）、地球温暖化問題への対応の観点から、石炭火力発電などから優先的に縮小されつつあります。アメリカでは急速に石炭火力発電からシェールガス発電に切り替えられています。中国も石炭火力発電の転換を急いでいます。

以上、化石エネルギー消費国では、太陽光発電の経済性と炭素税などの後押しによって、太陽光エネルギーへの転換は急速に進むと思われますが、産油国、石炭生産国では、国の経済がそれにかかっている国が多く、太陽光発電への転換への抵抗は強いと思われます。これらの国にはそれ以上に太陽光発電と第四次産業革命への転換の有利性を知らせることが必要になるでしょう。

ウランの可採年数

世界のウラン確認可採埋蔵量は、イエローケーキ（U_3O_8）一キロ当たり二六〇ドルの採掘コストで回収可能な確認埋蔵量は約七一〇万トンです。一三〇ドルの採掘コストでの確認可採埋蔵量は五四七万トンと推定され、二〇一二年の生産量は五八・三九四トンでした。したがって、ウランの可採年数は、回収コストによって約九四〜一二一年になります。

原発のコストは、福島第一原発事故以降、安全対策費、高レベル放射能廃棄物処理費、廃炉処理費、事故処理費、補償費などを考慮して試算し直され、かなり高くなってきています。

ヨーロッパの建設中だった原発プロジェクトは、福島第一原発事故以来、安全性の見直しにより高コスト化し、すべて中断しています。また、途上国の原発プロジェクトもかなりの数が中止に追い込まれました。

先進国では原子力発電はドイツなど撤廃を決めた国が出るなど（撤廃は決めなくても、既存の原発で終了する可能性の高い国もあり）、福島第一原発事故以来、安全性対策による高コスト化や高レベル放射能廃棄物処理問題で、実質、新規着工はなく、今後も縮小していきます。

先進国では原発は明らかに後退していますが、中国をはじめ途上国では多数の原発建設計画があります。ウランの可採年数は前述しましたように九四～一二一年ですが、これは二〇一二年の生産量から算出したもので、膨大な原発計画が計画通りに進行して生産量が急増すれば、たちまち、可採年数は減って、二一世紀の半ばにもピークを迎えてしまうかもしれません（しかし、中国も最近は原発はペースダウンしているようで、もう、急増する可能性はなくなったようです）。その一方で万年単位で管理しなければならない高レベル放射能廃棄物を子孫に押しつけることになります。

原発の見通し

そこで、二一世紀のエネルギーの見通しをした各機関のコメントは、原発は、社会的な受容性の観点から近未来に利用規模を拡大することは困難である。しかし、長期的な地球温暖化に対応していくためには重要な選択肢となる。その場合、核燃料サイクルを構築するなどウラン資源の有効利用を図ることが必要である、となっています。

確かに核燃料サイクルが成功すればの話ですが、アメリカをはじめ、ほとんどの先進国が核燃料サイクルの開発を断念した今となっては、難しいとしか言えません。

最近の報道によりますと（二〇一六年一二月）、日本政府は高速増殖炉「もんじゅ」の後釜として、「高速炉」を開発する意向であるようですが、たとえ、成功しても、実用化される時期は二〇五〇年以降だといわれています。それでは少なくとも「劇症型地球温暖化の危機」には間に合いません。その前に太陽光発電が原発より、はるかに安くなっているでしょう。そんな金があったら、太陽光発電の開発・普及を一刻も早く進めるために使った方がよっぽど確実です。

そこで、地球温暖化との兼ね合いで、原発がどうなるかですが、現在のところ、途上国では、中国やロシアによる援助で原発計画を進めているものは残っています。発電コストでは、新規着工原発より、太陽光発電が有利になっていると思われます。償却の終わった原発では残り期間だけを考えれば、当然、原発が安くなります。

アメリカの原発は経済性がなくなったところから廃止されていますが、中国やロシアは核兵器の関連で原発を保持し、途上国援助の手段としても、原発輸出を止めないかもしれません。そのようなことで、二一世紀末ぐらいまで、中国、ロシア、途上国の原発は残るかもしれません。

二一世紀は二〇世紀の四倍のエネルギーが必要である

単純化して、二〇世紀に生きた総人口と二一世紀に生きる総人口の比を出しますと、二・一倍になります。実際には二〇世紀に生きた人より、二一世紀に生きる人のエネルギー需要量が多いでしょうから（二〇世紀前半と二一世紀に入ったこの二〇年間を比較すれば明らかです）、たとえばそれを二倍とすれば、二一世紀には二〇世紀の四・二倍のエネルギーが必要になります。

前述しましたように、石炭、石油、天然ガス、ウランで二一世紀に四倍、五倍になるものがあるでしょうか。みんな足しても四倍にもならないでしょう。そもそも二一世紀の人類存続の答えはここにはないのです。答えはただ一つ、人類にとってはほとんど無尽蔵ともいえる太陽光エネルギーだけが答えです。

化石エネルギー、原子力エネルギーはつなぎのエネルギー

もはや、石炭、石油、天然ガス、ウランは、つなぎに過ぎないのです。良くも悪くも化石エネルギーも原子力も二〇世紀のエネルギーだったのです。

現在の八五兆ドル（二〇一八年の世界のＧＤＰは八四・七兆ドル＝九三一七兆円。一ド

ル＝一一〇円で換算）のグローバル経済を賄うだけではなく、わずか二〇年後には一三〇兆ドルになろうとする経済を賄うのに必要なエネルギー資源がどこにあるのでしょう。わかりやすく言えば、一〇億台近い車がある世界から、二〇億台以上の車がある世界に、さらにそのあと、三〇億台以上の世界に移行するのに、化石エネルギーだったら二〇〜三〇年で消滅してしまいます。

現在、先進国（一割の人口）での石油使用は年間一人当たり一四バレルです。発展途上国（九割の人口）では一人当たり三バレルにすぎません。石油の使用量が、一人当たり三バレルから六バレルに倍増したら、それだけで一・六倍の石油が必要となります。世界はどう対処できますか。途上国に六バレルにするなというのですか。もはや、石炭、石油、天然ガス、ウランの問題ではないのです。それらは単なるつなぎです。このつなぎをうまく使って、できるだけ短期間に、いかにしてスムーズに地球上の全システムを太陽光エネルギーに切り替えて地球システムを持続して稼働させるか、それが太陽光エネルギー革命と第四次産業革命の使命であり、それをこの地球上でこれから三〇年間で展開して成功させなければなりません。もう、先延ばしはできません。

このつなぎがつなぎである間に、次の代替エネルギーを用意しておかなければなりません。このつなぎがつなぎにはならないとわかった瞬間人類社会は大混乱に陥ります。もう、その時には遅いのです。

それが、まだ「太陽光エネルギーは近未来に大きく期待することは困難である」というのであれば、最全力を尽くして「期待できる」ようにしなければなりません。そもそも答えがないものに、つまり化石エネルギーに努力するより、「期待できる」ものに努力するのが人間でしょう。過去の人類もみんなそうして生き残ってきました（『自然の叡智　人類の叡智』に記してきましたように、人類は何度も危機に遭遇しました）。

自然（宇宙や地球）が長続きするのは、みな循環しているからです。宇宙は星々が超新星爆発で分散し、そのチリが集まって、また、新しい星を構成していくのです。地球もプレートテクトニクス、プルームテクトニクスによって、億年の単位ですが大陸やマントルが循環しています。それにつれて地下の鉱物も循環しています。

循環しないものには期限があります。二五〇年前から二酸化炭素を、八〇年前から核廃棄物を貯め込めば、いずれ限界が来ることはわかっていました。最初に人類がそれを知ったのが、五〇年前の石油危機でしたが、そのときは資源の枯渇を心配しただけでした。（二酸化炭素を）貯め込むことも問題であると知ったのは三〇年前でしたが、人類は本気で考えませんでした。しかし、循環しないものは、貯まるということで、いずれ限界が来ます。現在も人類はせっせとプラスチックや化学肥料を海に貯め込んでいます。これも問題が出始めています（これも第四次産業革命の新社会システムで循環システムに切り換えましょう）。

大所帯の人類の世紀を長続きさせたいのであれば、本気で社会システムを循環（リサイクル）型に改造するしかありません。物を循環させるにはエネルギーが必要です。それが、この度の太陽光エネルギー革命で、まず、太陽から来たエネルギーを地球で使って（使わしてもらって）、太陽光エネルギーで動く社会システムを操って、電力や水素や食料を作って、使い終わって波長が変わったエネルギーとして宇宙にお返しするのです。

この宇宙の原理、地球の原理に抵抗しても人類に勝ち目はありません。私たち動物はまぎれもなく、地球という環境の中で生まれ、育ってきたのですから、地球あっての人類です。政治体制が違う、宗教が違う、文化が違う……いろいろ言い分はあるでしょうが、この三〇年、すべてを凍結して太陽光エネルギー革命に邁進して、地球社会をとにかく存続させましょう。九〇～一〇〇億人で地球を安定化させましょう。そして、リサイクル社会を作りましょう。

世界同時革命が可能な太陽光エネルギー革命

この太陽光エネルギー革命は、過去のエネルギー革命のように偏って起きるというものではありません。世界同時に起こせます。したがってそんなに時間はかかりません。石炭・石油（化石エネルギー）は地球上偏在していますし、原発も科学技術の進んだ国に偏っていました。したがって時間がかかりました。太陽光エネルギー革命は、アフリカでも中東でも世界中どこでも、同時にでも起きます。起こそうと思えば、起きます。

それは世界中どこでも平等に太陽光エネルギーは得られるからです。だからその量はほとんど無尽蔵であり（現在、全人類が使っているエネルギーを一とすれば、地球の全植物が使っているエネルギーは一〇、地球で得られる太陽光エネルギーは一万です）、誰かが先に取ったらなくなるというものではなく、つまり、ゼロサム経済ではなく、「求めよ、さらば与えられん」経済です。喧嘩する必要もなく、急ぐこともありません。

ただ、これから三〇年間は化石エネルギーをできるだけ早くゼロにしなければならないので、化石エネルギーから太陽光エネルギーへの転換を急ぐのです。太陽光エネルギー革命に成功した後は、エネルギー資源については人類はあまり心配する必要はありません。ほとんど無尽蔵にあるのです。太陽光システムを設置してしまえば、いくらでも得られます。現在、情報は「ただ」のようになってしまいましたが、電力も「ただ」のようになります。だから、膨大な化石エネルギーに取って代わることができる唯一のエネルギーです。

太陽光エネルギー革命によってのみ第四次産業革命は可能である

この豊かな太陽光エネルギーによってのみ、AI、ロボット、自動運転自動車、高度医療システム、高度食料生産システムなど（これらはみなエネルギー抜きでは動きません）二一世紀の第四次産業革命の期間に実用化される新社会システムが動かされ、さらに人類の生活は豊かになるのです。

地球温暖化で節電が迫られる中で、あるいは、あと半世紀で枯渇する化石エネルギーで、蓄積される原発の高放射性廃棄物を心配しながら、第四次産業革命を起こすことはできません。太陽光エネルギーがあって、はじめて第四次産業革命は成功するのです。だから第四次産業革命を成功させるためには、その前に太陽光エネルギー革命を成功させる必要があります。

世界の一割（中国を入れると三割）の先進国は「さらに豊かな」生活ですが、九割（七割）の途上国は「やっと豊かな」生活を獲得する段階に達しました。しかし、その九割

（七割）の途上国も、現在、やっと工業技術や情報通信技術を獲得して、近代化ができる段階になりましたが、それは化石エネルギー技術で、それを追いかける限り、劇症型地球温暖化地獄に陥るという矛盾を含んでいます。

この矛盾を避けるには、途上国では、リープフロッグ（蛙跳び。技術などが一気に進展する変化）によって太陽光エネルギー革命を起こすしかありません。先進国が太陽光エネルギー技術を技術移転すればいいのです。それで先進国の富が減るわけでも何でもありません。途上国民がリープフロッグで化石エネルギーを、太陽光エネルギーに切り替えてくれれば、原発計画をやめてソーラー発電に切り替えてくれれば、人類は劇症型地球温暖化や核廃棄物汚染を防ぐことができるのです。人類みんなにとって、それが生き残る唯一の方法です。

将来が楽しみな太陽光産業

太陽光発電を太陽電池とも言いますが、現在、実際には多様な太陽電池が開発されています。太陽電池に使われる素材は、シリコン系、化合物系、有機系の三系統があり、今までの太陽電池の変換効率は一〇％ぐらいでしたが、今後は、二〇％、三〇％になるでしょう。第三世代の太陽電池といわれる量子ドット太陽電池やナノウォール太陽電池など六〇％以上のものも研究されています。

ヒトの可視領域の両側には見えないけれど多くの役割をする電磁波帯があります。この波長帯をうまく使い分けた透明半導体（透明太陽電池）というものも開発されています。

透明太陽電池で発電に利用するのは、紫外線領域の光のみであり（紫外線は人体に害があります。これを発電に使うことは人体にも良いことです）、透過した可視光は灯りとして、赤外線は室温制御の熱源に利用されます。全体としての太陽光の活用効率は六〇％を超えるということになります。建物などの生活実態を考えた発明でうまいやりかたです。

これを農業に応用しますと、植物はそれぞれ成長に最適な波長があるといわれていますので、透明太陽電池ができれば、これでその植物に最適な波長をＡＩで与えれば、生産効率もエネルギー効率も高まるでしょう。このように二一世紀の農業は施設内でハイテクを使って行われるようになるでしょう（拙著『劇症型地球温暖化の危機　日本はこうして食料自給率１００％を達成する』［幻冬舎、二〇二一年一一月刊］に記しています）。

現在の太陽電池は大部分が設置型ですが、そのうち、多様な太陽電池の特性、用途に合わせて、それに適した太陽電池が使用可能になるでしょう。窓に使う太陽電池、外壁に塗る電池、みす（幕）のように垂らす太陽電池などのように、数限りないバラエティーの太陽電池が作り出されるでしょう。自動車に塗る太陽電池、飛行機に使う太陽電池、船に張りつけ、帆船に張る太陽電池……、高速道路、高速鉄道の側壁に……。

従来、太陽電池は発電という目的のみが重視されていましたが、色彩豊かな色素増感太陽電池や透明太陽電池など、太陽電池をいかにして生活空間に溶け込ませていくのかという課題にも目が向けられるようになるでしょう。将来の都市の建物に工夫して、設置というか、嵌《は》め込むというか、塗るというか、垂らすというか、とにかくバラエティーに富んだ都市になるでしょう。

それぞれの波長を用途によって使うという発想があれば、それではまとめて太陽電池化しようという発想も出てきました。それが多接合型太陽電池（スタック型、積層型、タンデム型などとも呼ばれます）であり、利用波長の異なる太陽電池を複数積み重ねた太陽電池です。この特徴は、太陽光のエネルギーをより無駄なく利用することで変換効率の向上が図れます。

太陽光のスペクトルは紫外線から赤外線まで幅広く分布しますが、短波長（紫外、紫、青）の光になるほど光子は大きなエネルギーを持ち、より大きな電圧を得ることができ、短波長域の光のエネルギーをより効率良く利用できます。理論的には無限に接合を増やせば約八六％の変換効率になると計算されます。

いずれにしても、太陽電池の研究開発には、このようにバラエティーがあり、半導体製造技術からして、効率もコストも多様化も遠からぬ時期に多くの成果が出てくることは間違いありません。そして、その太陽電池の利用については、もはや電子技術者などの工業技術者だけでなく、建築家、デザイナー、都市設計者、農林漁業者、その他の出番となります。ひとことでいえば全産業が出番です。太陽光エネルギー革命は私たちの産業、都市、生活のすべてを見直す切っかけとなるでしょう。

みんなが出番の太陽光産業

光とは、本当に不思議なものです。太陽が放つ光の中にエネルギーというか、粒子というか、電磁波というか、このような仕組みが組み込まれているとは。現在、人類は五Ｇの世界を楽しむことができるようになりました。しかも「ただ」のように。今度は、それのエネルギー版です。しかも「ただ」のように。

まさに自然の叡智です。それを解き明かすのも人類の叡智です。人類の叡智が高まれば高まるほど、自然は多くの恵みを与えてくれます。つまり発見できます。「求めよさらば与えられん」（マタイ伝）です。

だから、かのニュートンもアインシュタインなど歴代の人類の叡智がこれに挑んで、それぞれすばらしい恵みを引き出して、光の道を拓いてくれていました。まさに今は第四次産業革命の時代に突入しています。劇症型地球温暖化の危機など、この三〇年の地球社会ほど大きな危機に瀕したことはありません。しかし、人類は太陽光エネルギー革命と第四次産業革命でこの危機を乗り切ることができるチャンスも与えられているのです。現代の科学技術者もその道をさらに切り拓こうと奮闘しているのです。それは二一世紀の太陽光産業へと続く道です。

水と太陽光から水素をつくる

「求めよさらば与えられん」と太陽光は人類の叡智に応じてエネルギー利用をさせてくれることは、いまや石油化学万能の化学界にも「脱炭素の化学」の可能性を与えてくれます。

一九六七年、東京大学大学院の藤嶋昭は、水中に二酸化チタン（TiO_2）電極と白金（Pt）電極を置き、溶液中で二酸化チタン電極に光を当てたところ、二酸化チタン電極から気泡が出ていることを発見しました。この気泡が酸素であり、もう一方の白金電極から水素が出ていることを確認しました。これは指導教官の本多健一と藤嶋昭との名前から本多・藤嶋効果と名づけられました（光電効果の一種です）。

これは、植物の葉の表面（クロロフィル）で行っている光合成反応に近い反応で、水を原料に、太陽エネルギーを使って酸素と水素をとることができました。逆に電気を通して水を電気分解すると酸素と水素を発生することは学校で習います。

しかし、当時、このシステムは大量の水素をとることができず（一メートル四方で一日七リットルの水素をとることができました）、エネルギー源としての実用化は容易でなく、本多・藤嶋効果の超親水性や酸化還元作用を生かした研究にシフトしていき、光触媒の発明となり、それはそれで一つの産業となっています。

近年、この本多・藤嶋効果を利用した人工光合成の研究が盛んになっています。太陽光のエネルギーを水素に蓄えてエネルギーを供給できれば、天然の光合成に匹敵する食料を得たり、新燃料を得たり、新化学合成の原材料を得たりできるのです。これが人工光合成です。水素の利用についてはこれまでも古い技術で行われてきたので、結局、この水素を太陽光エネルギーを利用して、いかに大量安価に作り出すかということにブレークスルー

（技術突破）が必要になります。

現在の人工光合成研究は、大きく分けて三つのアプローチに分類されます。

①自然界の光合成を改良しようとする生物学的なアプローチ。

②色素分子触媒・金属錯体触媒からのアプローチ。

③本多・藤嶋効果を発展させた半導体光触媒からのアプローチ。

太陽光エネルギーから新化学を興す

現在、主に水素は化石エネルギーから得られていますが、図七のように、化学工業における多様な製造プロセスの基幹原料となっています。

フリッツ・ハーバーとカール・ボッシュが一九〇六年にドイツで開発したハーバー・ボッシュ法で、鉄を主体とした触媒上で水素と窒素を四〇〇〜六〇〇度、二〇〇〜一〇〇〇気圧の超臨界流体状態で直接反応させて、図七のように、アンモニアを生産し、そのアンモニアから窒素肥料を生産するようになり、これが農業革命を起こしました。現在の工業化学では、天然ガスなどから得られた水素と大気中の窒素とを反応させてアンモニアを合成していますが、空気中から安く大量に水素が得られるようになれば、窒素肥料も水と窒素（空気）から製造されるようになるでしょう。

要するに、人類は、化石燃料の原料使用からも縁を切ることができます。太陽光エネルギーと水から得られた水素や空気中の二酸化炭素や空気中の窒素を原材料にして新しい化学を興せます。大量の石油が採掘されるようになってからできたのが、石油化学ですから、太陽光エネルギーでできる化学は、太陽光化学と称するのでしょうか。

水素が太陽光エネルギーで大量安価に得られるようになれば、太陽エネルギー&水素エネルギー&過剰で困っている二酸化炭素、つまり、太陽光、水、二酸化炭素という枯渇しない資源による新しい化学が構想

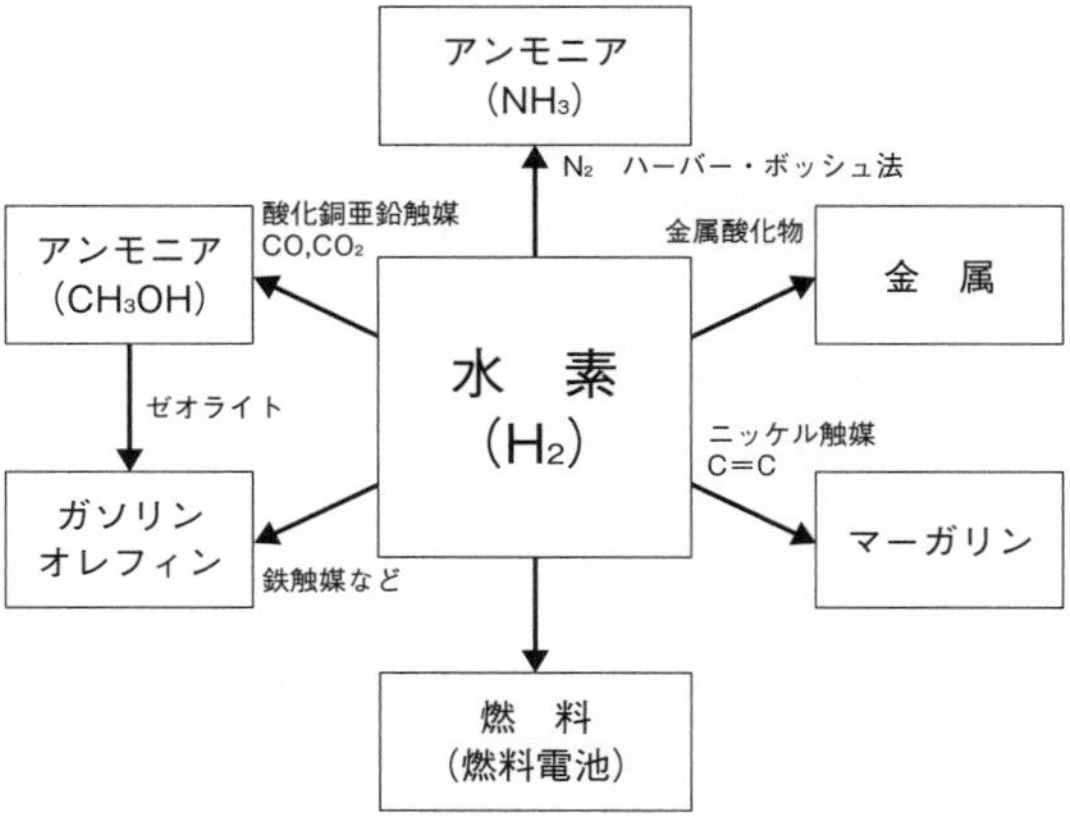

図七　化学工業原料としての水素

できます。

たとえば、三井化学は、光触媒で水を水素と酸素に分解して水素を得て、その水素と空気中に漂っている二酸化炭素から、メタノールを合成し、そのメタノールから有機化合物を製造する「二酸化炭素化学的固定化技術」の実証プラントの建設に取りかかっています。

このプロセスを簡単に説明しますと、工場などから排出される高濃度の二酸化炭素と水素とを高活性触媒にくぐらせると、原料と触媒が化学反応を起こして、化学製品の原料となるメタノールが生成されます。このメタノールは様々な分野で使われるベンゼンなどの基礎化学品の原料となります。

新エネルギー・産業技術総合開発機構（ＮＥＤＯ）は二〇一四〜二〇二一年度計画で、光触媒で水を分解して得た水素を、工場や火力発電所から排出される二酸化炭素と合成触媒で反応させて図七のように、オレフィンを生成し、プラスチック等の原料とする研究を進めています。このように、水素はクリーンエネルギーというだけでなく化学工業原料としても重要な物質です。水素があれば何でもできると言っても過言ではないくらいです。

また、空気中から安く大量に水素が得られるようになれば、図七のように、鉄鋼などの製造工程にも革命が起きます。酸化鉄である鉄鉱石から酸素を取り除く還元反応の際に、石炭（コークス）ではなく水素を使うことにします。製造時に二酸化炭素を排出しない画期的な技術で、製鉄各社が基礎研究を進めています。

水素還元製鉄技術も何十年も前から言われていましたが、化石燃料で間に合っていましたので、本腰で取り組まれてきませんでした。これができれば、製造業部門の省エネ化や二酸化炭素排出量削減が大いに進むことになります。何しろ現在、鉄鋼の二酸化炭素排出量は日本全体の一四％を占め、突出して多いのです。

そして、図七のように、水素はクリーンエネルギーとして、燃料電池車などの燃料として直接使えます。

いずれにしても、このように化石資源の原料利用についても、太陽や空中の二酸化炭素や窒素や水など、ほとんど無限の資源に代替できるようになるでしょう。しかし、これら基礎研究段階のものは、大きなブレークスルーが必要でかなりの研究期間（基礎研究段階）が必要でしょう。

今後、日本では、さらに国が本腰を入れて、資金的、組織的に援助し、外国と連携を取って行えば三〇年以内（第四次産業革命期）には人工光合成も実用化のレベルに達するでしょう。

そうなると太陽光からは、エネルギー（電気、水素）も食料も得られることになり、「太陽光エネルギー」は人類にとって地球最大の資源、産業源となり（食料生産、農業という点では、今までもそうでしたが）、太陽光産業が起きます。いや、興すのです。これによって、その頃、九〇～一〇〇億人近くになる世界人口も養うことができるのです。

しかし、これは当然と言えば、当然です。いつの時代にも太陽は最大の資源だったのです。人類は、いやその前の動物も植物も、つまり、生物すべてが太陽光を最大の資源として生きてきていたのです。時代時代の技術レベルに合わせて生きてきたのです。「求めよさらば与えられん」です。

今までも農業の開始などで、その太陽光のめぐみを高めていっていましたが、それが今度は、ここまで進化した人類がその叡智を使って、自然の叡智の根幹の原理を解明して、その原理をよくわきまえた上で直接、太陽光からエネルギーと水素と食料を得ることができるようになるのです。

人類の生き残りを賭けた史上最大の作戦です。しかし、これは（すべてを破壊する）戦争ではありません。すべてを再生する太陽光エネルギー革命です。

人類のエネルギーの未来

以上のことを図示しますと、二八一ページの図八のようになるでしょう。

図八の①は、現在の成り行きにまかせて、化石エネルギーを拡大させていく方法です。地球温暖化も考慮して、原子力発電も増強されていくでしょうが、二一〇〇年を過ぎるとウランの可採年数の限度が来て、原発はなくなります。化石エネルギーは、非在来型石油、非在来型天然ガスなども入れると、二二世紀になっても枯渇することはありません。

しかし、その前に排出された膨大な温室効果ガスは地球温暖化の限界値を二一世紀前半にも突破して、二一世紀後半には「荒れ狂う地球」になってしまうでしょう。だんだん乏しくなって高騰する化石エネルギーを先を争って買いあさり、温室効果ガスがどんどん増加して地球温暖化が進んでいくというのが、この選択肢の未来です。かつて、ローマクラブが『成長の限界』の世界モデルの標準計算結果で描いたように、地球生態系が悪化して生物種の絶滅が急増し、最後には世界人口の急減が起きるようになるでしょう。

図八の②は、パリ協定の目的を達成するために、原発をどんどん建てていった場合はどうなるかです。原発は、二〇一九年一月一日時点で、運転中のものは四四三基、建設中、計画中のものを含めると総計六六三基です。四億一四四五万キロワットに達しており、六

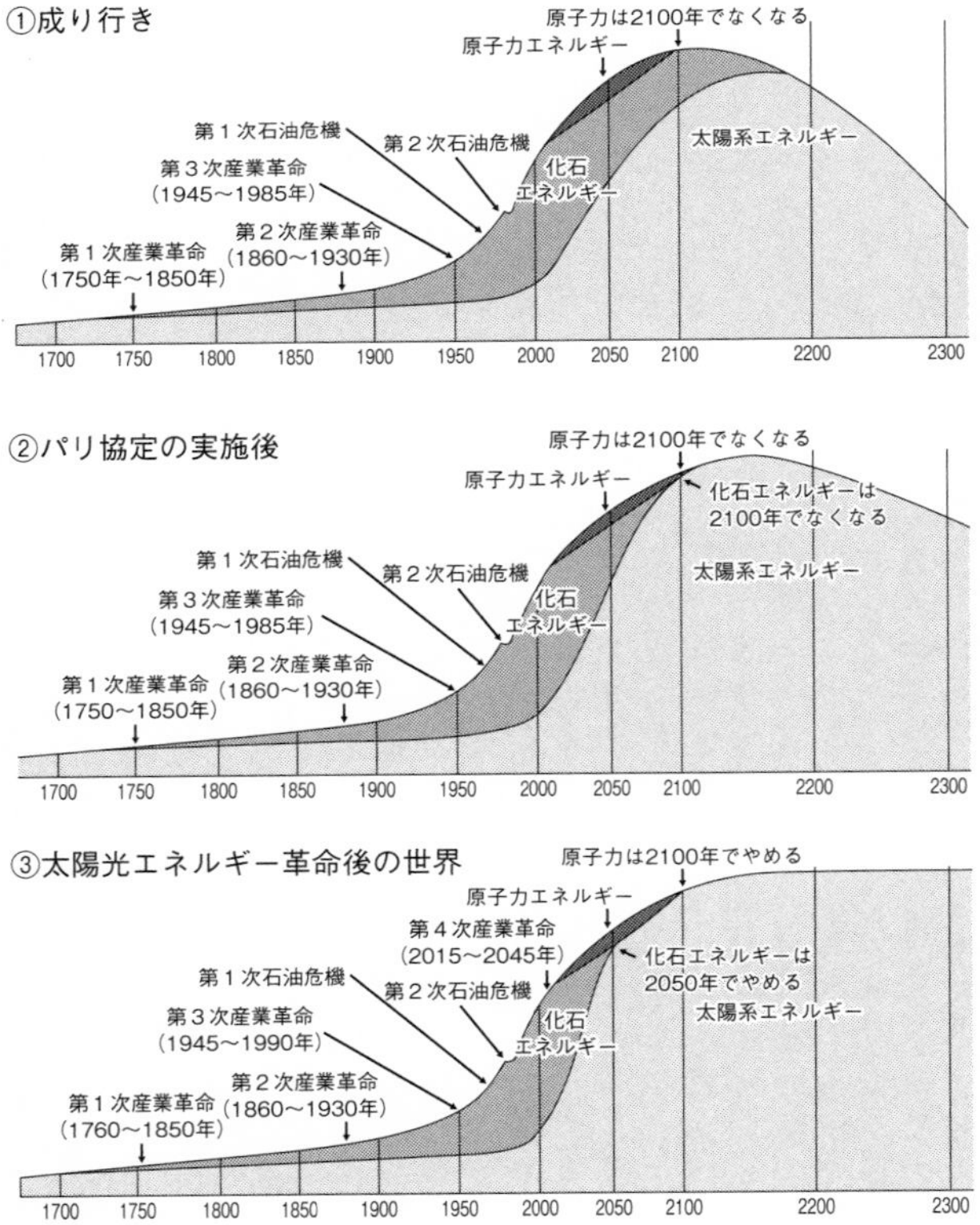

図八　人類のエネルギーの未来

億一七九五万キロワットとなるでしょう。二〇一六年中に供給された年間電力量は二兆四九〇〇億キロワット時であり、これは全世界の電力の約一一％に当たります。

化石エネルギーをやめて原発に特化するとなると、これの何倍かの原発、一〇〇〇基とか、一五〇〇基ということになります。

ウランの可採年数は前述しましたように九四～一二一年ですが、これは二〇一二年の生産量から出したもので、前述しましたように多数の原発が稼働し始めたら、たちまち、可採年数は減って、二一世紀中に資源が枯渇します。その一方で、万年単位で管理しなければならない高レベル放射能廃棄物を大量に子孫に押しつけることになります。地球が一〇〇〇基近い原発に覆われますと（大部分は途上国）事故は頻発するでしょう。エネルギー不足と原発事故の頻発で、これもローマクラブの『成長の限界』のように、地球生態系が悪化して生物種の絶滅が急増し、最後には世界人口の急減が起きるようになるでしょう。

つまり、化石エネルギーにしても、原子力にしても、三〇年後の二〇五〇年頃には、資源量的に先が見えて、尋常な価格ではなくなり、いずれにしても二一世紀後半には、再生可能エネルギー（太陽光エネルギー）にシフトしなければならなくなりますが、その時には「荒れ狂う地球」になっています。

図八の③は、太陽光エネルギー革命と第四次産業革命を即刻起こして、二〇五〇年までに脱炭素化が図られた場合。化石エネルギーは一〇％（原材料用）だけ二一〇〇年まで細く残るかもしれませんし、また原発も細く二一〇〇年まで続くかもしれませんが（中ロの途上国への原発援助などによります）、二一〇〇年以降は完全に太陽エネルギーの世界になります。

この方法は、太古の時代から生物がやってきたことと同じことで、今度は太陽光発電システムで、宇宙と地球との循環の中でエネルギーも利用させていただくということです。これこそ自然と調和する生き方になります。人類はやっと宇宙と地球（自然）の叡智を極め、つまり、宇宙と地球の仕組みがわかり、そこから得た叡智で、自然と一体になって生きる方法を見つけたのです。九〇～一〇〇億人の仲間と一緒に暮らせるエネルギーはこれしかありません。

この二〇二〇年から二〇五〇年の間は、人口的にも地球の大勢が決まり、エネルギー選択が決まり（それぞれのエネルギーの寿命が見えてきます）、地球温暖化の方向（ＩＰＣＣの設定目標でいいのか、もっと激しい二番底の劇症型温暖化が起きるのか）が決まる時期で、極めて重要な時期です。地球社会を今までのように安定的に維持できるのか、それともジェットコースターのような不安定な地球社会にしてしまうかの岐路の時期です。しかも、それがわかってから動いたのでは、もう遅いのです。とにかく今すぐ、動かざるを得ないのです。今すぐ、少しでも多く太陽光発電システムを世界中に設置して、太陽光エネルギー革命を起こすことです。

やっとアメリカがパリ協定に復帰し、日本が動き出した

パリ協定を離脱したトランプを破ってアメリカ大統領になったバイデンは、さっそくパリ協定に復帰し、二〇二一年四月、オンライン形式で「気候変動サミット」を主催、今が気候変動問題への取り組みにおける「勝負の一〇年」だと述べるとともに、二〇三〇年までに温室効果ガスの排出量を二〇〇五年比で五〇〜五二％削減とそれまでの目標を倍増させるなど、本気度を世界中に示しました。

菅首相は、二〇五〇年カーボンニュートラル（実質、炭素ゼロ）を長期目標とし、二〇三〇年に向け温室効果ガスをそれまでの二六％削減から四六％削減（二〇一三年度比）することを目指し、さらに五〇％の高みに向けて挑戦を続けていく考えを示しました。

これに合わせるように、経済産業省は、二〇二一年七月、原子力、太陽光、風力、石炭、液化天然ガス（ＬＮＧ）など一五種類の電源ごとに、二〇三〇年の発電コストを試算した表を公表し、太陽光発電のコストは二〇三〇年時点では一五の電源の中で最も低コストになることを初めて認めました。それによりますと、二〇三〇年時点で、太陽光発電（事業用）は一キロワット時当たり、八円台前半～一一円台後半となり、原子力発電は一一円台後半～となり、太陽光発電のコストが原子力発電のコストを初めて下回る結果となるとのことです。

三〇年度目標四六％削減目標と合うように、二〇三〇年度の電源構成見通しの素案も提示されましたが、それによりますと、再生可能エネルギー（太陽光発電、風力発電など）は「主力電源として最優先の原則のもとで最大限の導入に取り組む」と明記し、三〇年度の現行目標の二二～二四％から三六～三八％に引き上げました。とくに太陽光の年間発電量は一九年度の二倍の約一四〇〇億キロワット時を見込むとなっています。

その他は原子力二〇～二二％、ＬＮＧ二〇％、石炭一九％、水素・アンモニア一％、石油等二％となっています。

前回のエネルギー基本計画では、再生可能エネルギーはどこにも位置付けられない番外の扱いをされていましたが（経産省の原発優先のためでしょう）、一躍、幕下から横綱になったようですが、これで日米とも（アメリカはトランプのパリ条約脱退で後れをとりました）、現在のEUのレベル並みになるということです（一〇年かけて二〇三〇年目標を達成してのことです）。いずれにしても人類にとって太陽光エネルギー革命に邁進するしか道は残されていません。

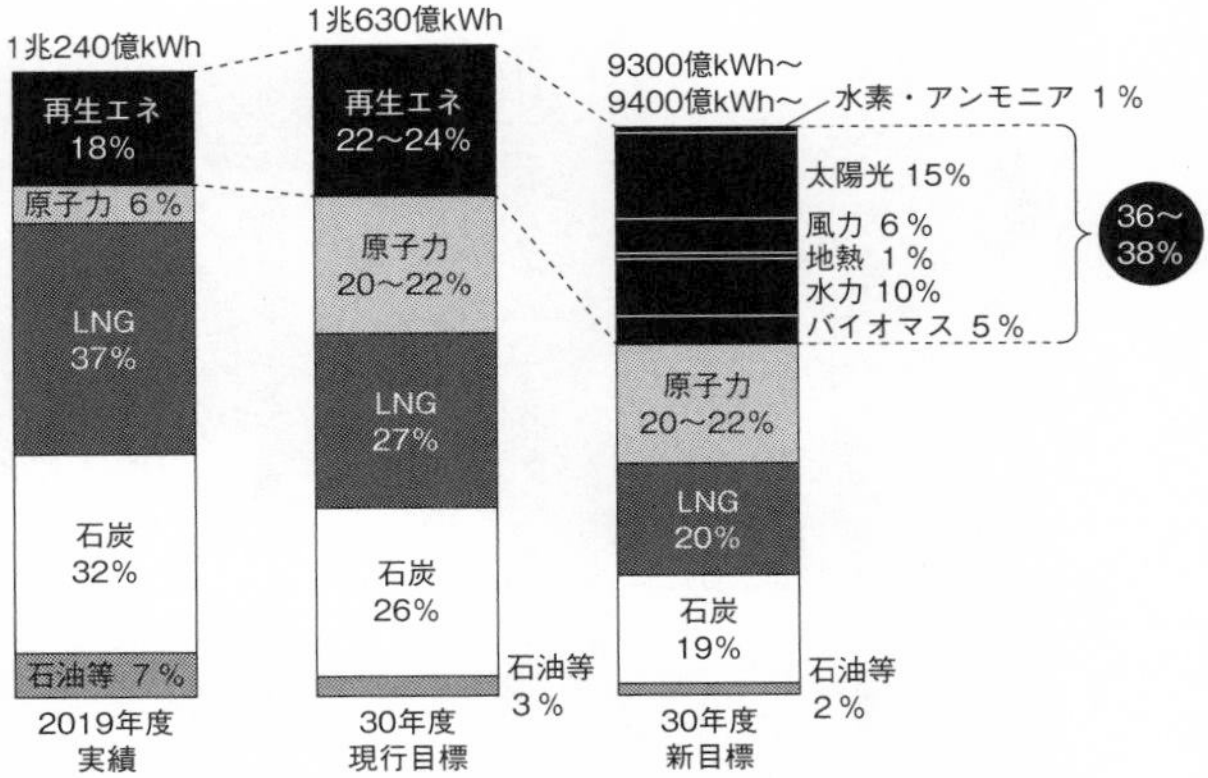

図九　新目標は発電需要が減る中で再生エネを増やす

あとがき

今から四〇年前に出した拙著『21世紀の社会システム』（日本工業新聞社、一九八一年刊）を開いてみたら、エネルギー問題のところに次のように記していました。

「石炭や石油などの化石燃料は、いずれ枯渇するエネルギーである。（中略）科学者の計算によると、石油はあと三七年、石炭はあと一九二年、天然ガスはあと三八年もつという数字がでている。（中略）

至急、石油に代わる石油代替エネルギーだといっても（当時、一九七九年の第二次石油危機の直後でした）、それはやはり、石炭、天然ガス、原子力（ウラン）である。わが国にとっては、これらの資源もほとんど輸入しなければならず、また、価格問題を逃れることができない。（中略）

また、化石燃料、原子力の大量の使用には、宿命的に困難がつきまとう。環境汚染の問題である（原子力は核廃棄物）。つまり、地球の生態を壊してしまうおそれがあるということである。だから、代替エネルギーとはいっても、それはあくまで当面のつなぎのものでしかない。私たちは、もっと長い目でみて、エネルギー自給の問題に取り組まなければならない」

「私たちは、地上に達する太陽エネルギーの〇・〇一％だけを、より多く利用できるようになれば、現在の化石燃料に肩を並べうるエネルギーを手に入れることになる。このような、太陽に源を発して地上に達したエネルギーは、太陽エネルギーそのもの、あるいは風力、水力等々の自然エネルギーとなって、わりあい平均的に、各地域に散らばっている。このような自然エネルギーの循環のなかから、私たちは、必要なだけのエネルギーと食糧とを、技術を使って作り出すことができるはずである。（中略）

太陽エネルギーを直接に使う方式の本命は、やはり太陽電池であろう。これの問題点はコストが非常に高いということである。アメリカにおいても、日本においても、そのコストダウンのための研究を行っている。現在、一ワット当たり四〇〇〇～一万円であるが、サンシャイン計画によれば、昭和六〇年（一九八五年）には一ワット当たり一〇〇〇円、六五年（一九九〇年）には同一〇〇円以下にするのが目標である。アモルファス電池の場合、光電変換効率はまだ、二・五％程度である。電力用として利用するには八～一〇％が必要であるといわれている。（中略）わが国のサンシャイン計画では一九九〇年の時点で、三〇〇万キロワット（原発三基分）を目標としている」

　このときは地球人口が四〇億人ぐらいでしたが、四〇年後の現在は七八億人でほぼ倍増しています。それから、あの頃は石油の枯渇が問題でしたが、現在は、地球温暖化であり、しかも劇症型地球温暖化の恐れがあり、即、地球上の全システムを脱炭素化しなければ、未来の地球は「荒れ狂う地球」になってしまう恐れがあるということです。人類社会ははるかに困難な問題に直面しています。いずれにしても、日本はグリッドパリティに達したのですから、とにかく太陽光発電能力を高めて、近い将来電力不足にならないようにすることが肝要です。

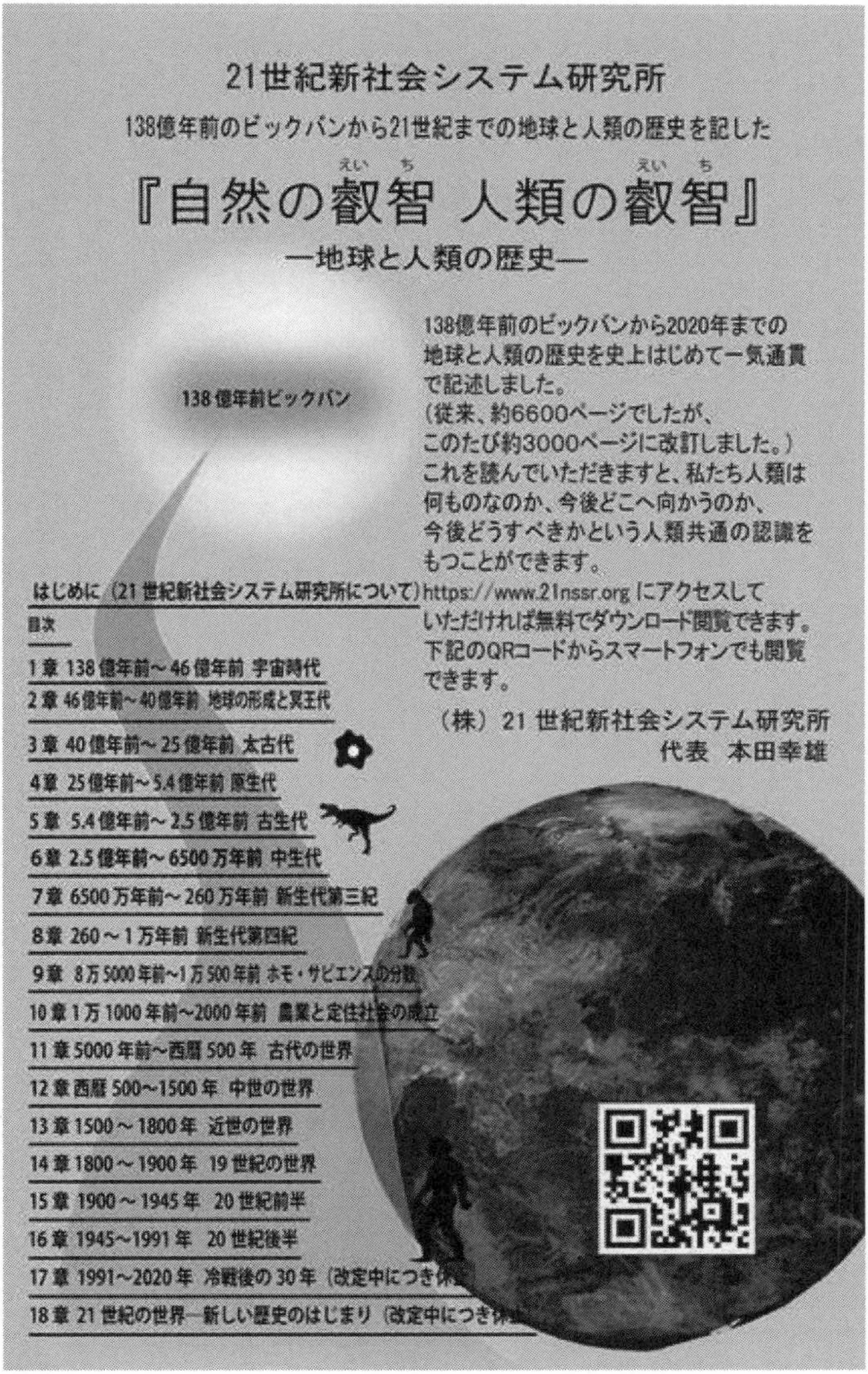

筆者が代表を務める（株）21世紀新社会システム研究所HP　https://www.21nssr.org/